Elizabeth Jane Cochrane, dite Nellie Bly, est née le 5 mai 1864 à Cochran's Mills dans le comté d'Armstrong (Pennsylvanie). Figure légendaire de la presse américaine, l'intrépide Nellie Bly, pionnière du reportage clandestin, fait de l'infiltration sa marque de fabrique, que ce soit dans un asile ou dans une usine de boîtes de conserve. Une plongée de six mois au Mexique et un tour du monde sur les traces de Phileas Fogg en soixante-douze jours constituent ses plus hauts faits d'armes. Après avoir un temps repris sans succès les entreprises de son mari, Nellie Bly retourne finalement au journalisme et couvrira la Première Guerre mondiale en tant que correspondante. Elle meurt le 27 janvier 1922 à New York, à l'âge de 57 ans. À l'annonce de son décès, la presse pleure la « meilleure journaliste d'Amérique ».

DU MÊME AUTEUR

Le Tour du monde en 72 jours
Éditions du sous-sol, 2016

6 mois au Mexique
Éditions du sous-sol, 2016

Nellie Bly

10 JOURS DANS UN ASILE

Traduit de l'anglais (États-Unis)
par Hélène Cohen

Éditions du sous-sol

TEXTE INTÉGRAL

TITRES ORIGINAUX
Ten Days in a Mad-House
Trying to Be a Servant
Nellie Bly as a White Slave

PUBLICATION ORIGINALE
New York World, 1887

ISBN 978-2-7578-5978-0
(ISBN 978-2-36468-091-3, 1re publication)

Note de l'éditeur

Engagée en 1887 au journal *New York World* du célèbre Joseph Pulitzer, Nellie Bly se voit confier une mission pour la moins singulière : se faire passer pour folle et intégrer un asile, le Blackwell's Island Hospital à New York. Intrépide, courageuse et soucieuse de dénoncer les conditions de vie des laissés-pour-compte, elle accepte le défi et endosse le *rôle*. Après une nuit de *répétition*, l'illusion est parfaite : un jury de médecins se prononce pour son internement. Elle reste dix jours dans l'hôpital et en tire un brûlot. D'abord publié en feuilleton, ce reportage *undercover* met en lumière les conditions épouvantables d'internement des patientes ainsi que les méthodes criminelles du personnel. Suite à la publication de ce morceau de bravoure, les fonds alloués aux hôpitaux psychiatriques furent augmentés d'un million de dollars et une réforme des asiles lancée. L'œuvre de Nellie Bly, jusqu'alors inédite en France, marque la naissance du journalisme dit « infiltré » et préfigure les luttes pour l'émancipation des droits des femmes. La présente édition est suivie de deux articles « Dans la peau d'une domestique » et « Nellie Bly, esclave moderne ». La publication de *10 jours dans un asile* constitue le premier volume de l'édition complète des reportages de Nellie Bly par les Éditions du sous-sol. Suivront *Le Tour du monde en 72 jours* et *6 mois au Mexique*.

NELLIE PRACTICES INSANITY AT HOME.

Dix jours dans un asile

Introduction

Suite à la publication dans le *World*[1] du récit de mes mésaventures à l'asile d'aliénées de Blackwell's Island, j'ai reçu plusieurs centaines de lettres.

Le numéro contenant mon témoignage étant épuisé, on m'a conseillé d'y consacrer un livre pour les lecteurs qui souhaiteraient en obtenir une copie.

Par bonheur, après mes révélations sur ce sujet, la Ville de New York a alloué un million de dollars supplémentaire à la prise en charge des malades mentaux. Je puis donc me réjouir d'au moins une chose : grâce à mon travail, les affligés bénéficieront de meilleurs soins.

Nellie Bly

1. Il s'agit du *New York World*, un journal américain publié entre 1860 et 1931 que racheta Joseph Pulitzer en 1883. (*Note du traducteur*)

1

Une mission délicate

Le 22 septembre 1887, le *World* me donna pour mission de me faire interner dans l'un des asiles de fous de New York. Mon rédacteur en chef, Joseph Pulitzer, souhaitait que je décrive en termes simples et directs les soins apportés aux patientes, les méthodes de la direction, etc. Mais avais-je les nerfs suffisamment solides pour supporter pareille épreuve ? Serais-je capable de me faire passer pour folle auprès des médecins ? D'évoluer une semaine entière au milieu de malades mentales sans que les autorités ne découvrent que je ne suis qu'une « moins que rien armée d'un calepin » ? Oui, j'avais foi en mes talents d'actrice et me pensais de taille à feindre la démence d'un bout à l'autre de mon séjour. Pourrais-je passer sept jours à l'asile d'aliénées de Blackwell's Island[1] ? J'en étais convaincue. Et j'ai tenu parole.

Je reçus pour seule instruction de me mettre au

1. Blackwell's Island est l'ancien nom de Roosevelt Island, située au large de Manhattan. L'île fut longtemps renommée pour ses hôpitaux et ses asiles d'aliénés. (*N.d.T.*)

travail dès que je me sentirais prête. On me demandait d'enquêter sur cette institution, si bien protégée du monde extérieur par des fenêtres à barreaux, des portes verrouillées et une armée d'infirmières à coiffe blanche.

« Nous n'attendons rien de sensationnel, mais un récit honnête des faits. Distribuez les blâmes et les louanges comme bon vous semble, du moment que vous vous en tenez à la vérité. Et prenez garde à ce sourire que vous affichez en permanence, ajouta mon rédacteur en chef.

– Je m'en départirai », lui promis-je avant de sortir de son bureau.

Dans mon esprit, si je réussissais à franchir les portes de l'asile – ce qui me semblait un exploit en soi –, ce serait pour vivre la paisible routine d'un hôpital psychiatrique. Comment pouvais-je imaginer qu'une telle institution soit dirigée en dépit du bon sens et tyrannise ses propres pensionnaires ? Les maisons de fous m'avaient toujours intriguée ; j'espérais au fond de moi que ces créatures vulnérables y recevaient les meilleurs soins. Je refusais de croire les histoires de maltraitance lues ici ou là, tout en éprouvant le désir secret de les élucider.

Je pensai avec effroi à la totale sujétion des aliénés en face de leurs gardiens. Rien ne leur servait d'implorer leur libération si ces derniers en avaient décidé autrement.

« Une fois ma mission accomplie, comment comptez-vous me faire sortir ? avais-je demandé à mon interlocuteur.

– Je ne sais pas encore. Je suppose qu'il nous

suffira de révéler votre identité et les motifs de votre internement – mais tentez déjà d'y entrer. »

Manifestement, il ne se faisait comme moi guère d'illusions sur la réussite de mon entreprise.

Je devais préparer seule les conditions de mon terrible internement. En revanche, Joseph Pulitzer m'attribua le nom d'emprunt de Nellie Brown, dont les initiales coïncidaient avec celles brodées sur mon trousseau, afin de se renseigner sur mon évolution et me porter secours à tout moment. Il existe certes bien des façons de s'introduire dans un asile d'aliénées, mais je n'en connaissais que deux. Je pouvais passer par un tribunal de police, ou me faire interner sur la décision de deux médecins après avoir feint un accès de folie chez des amis.

Réflexion faite, il me sembla peu judicieux d'infliger un tel spectacle à des proches et de mêler à mes histoires d'innocents docteurs qui n'avaient rien demandé à personne. De plus, pour me faire interner sur Blackwell's Island, mes amis devaient être des sans-le-sou, or, malheureusement pour moi, la seule personne pauvre de mon entourage était moi-même. Je mis donc au point un plan ingénieux pour réussir à passer là-bas dix jours et neuf nuits mémorables. J'endossai l'identité d'une pauvre diablesse atteinte de démence, résolue à ne me dérober à aucun obstacle.

Pendant mon séjour à l'asile, je devins le témoin privilégié des traitements réservés aux pauvres aliénées. Et lorsque je jugeai en avoir suffisamment vu et entendu, il me suffit de claquer des doigts pour retrouver ma liberté. Je passai le seuil de l'hôpital psychiatrique avec soulagement et regret. J'étais soulagée de respirer à nouveau l'air libre des cieux mais regrettais d'abandonner à leur sort des compagnes d'infortune qui avaient assurément tout autant leur tête que moi.

Laissez-moi vous dire une chose : dès mon entrée dans l'asile de l'île, je me suis départie de mon *rôle* de démente. Je parlais et me comportais en tout point comme d'ordinaire. Mais, chose étrange, plus je parlais et me comportais normalement, plus les médecins étaient convaincus de ma folie, à l'exception d'un homme, dont la bonté d'âme et la courtoisie restent gravées dans mon souvenir.

2

Les préparatifs de départ

Commençons par le commencement. Après avoir reçu mes instructions, je retournai à ma pension de famille et, à la nuit tombée, répétai le *rôle* dans lequel je devais faire mes *débuts* le lendemain matin. Ce n'est pas une mince affaire, pensai-je, que d'apparaître devant mon public et de le convaincre de ma folie. Ne connaissant de près ou de loin aucun aliéné, j'ignorais tout de la manière dont ils se comportent. Et il faudrait en plus que je me laisse examiner par des médecins spécialisés dans les maladies mentales ! La véritable folie était de croire que je pourrais les berner. Je commençais à douter de la possibilité même de ma mission mais, comme il me fallait bien l'accomplir, jc me plaçai face à mon miroir. Ayant lu en divers endroits que l'on reconnaît un fou à ses yeux hébétés, j'ouvris grand les miens et étudiai un moment mon reflet sans cligner les paupières. Je peux vous assurer que ce spectacle aurait donné la chair de poule à n'importe qui, *a fortiori* au milieu de la nuit. Pour me rassurer, j'augmentai la flamme du bec de gaz. Le résultat fut décevant. Étrange consolation que de me dire que d'ici peu je me trouverais loin de cette chambre, enfermée dans une cellule avec une horde d'aliénées !

Il ne faisait pas froid dans la pièce, mais, en visualisant pareil tableau, je me pris à frissonner et une suée ruina les bouclettes de ma frange. Quand je ne m'exerçais pas devant le miroir ni n'imaginais mon séjour à l'asile, je lisais des bribes d'histoires de revenants. Ainsi, quand les premiers rayons du jour chassèrent les ténèbres, me sentis-je prête à m'acquitter de ma mission. Je fis ma toilette en adressant mes adieux à quelques trésors de la civilisation moderne : ma brosse à dents fut rangée avec tendresse et, lorsque je me savonnai une dernière fois, je murmurai : « Nous nous reverrons bientôt, ou non. » J'enfilai ensuite une vieille robe préparée pour l'occasion. L'heure était grave car il s'agissait peut-être de mes derniers gestes amoureux. En effet, rien ne me garantissait que les efforts déployés pour me faire interner et mon séjour à l'asile n'ébranleraient pas mes nerfs au point que je ne puisse plus jamais rentrer chez moi. Pas un seul instant je n'envisageai pourtant de baisser les bras, et calmement, du moins en apparence, je sortis affronter mon destin.

L'idée m'était d'abord venue d'aller dans une pension de famille. J'aurais pu confier à son propriétaire que j'étais à la recherche d'un emploi, avant de simuler quelques jours plus tard un accès de folie. Mais je changeai d'avis et décidai de me rendre dans une pension pour travailleuses : une fois ses occupantes convaincues de ma folie, aucune ne trouverait le repos tant que je ne serais pas sous bonne garde.

J'ouvris donc un annuaire, notai l'adresse de la Pension pour femmes, au n° 84 de la Deuxième Avenue, et me mis en route.

3

Dans la pension

Ici débute la carrière de Nellie Brown, fille dérangée. Je descendis la Deuxième Avenue avec la moue extatique des jeunes filles que l'on voit sur les tableaux intitulés *Dreaming* ou *Far-away*. Après avoir traversé une petite cour pavée, je me trouvai face à l'entrée de la pension. Je sonnai une cloche tonitruante comme le carillon d'une église, et attendis nerveusement que quelqu'un m'invite à entrer. La porte s'ouvrit brutalement ; une blondinette de treize printemps, haute comme une botte, apparue sur le seuil.

« Est-ce que la propriétaire de la pension est là ? demandai-je à mi-voix.

– Elle est occupée. Allez l'attendre au salon, à l'arrière », tonna la fille, sans qu'aucune émotion transparaisse sur son visage trop mûr.

J'obéis à ces instructions abruptes et pris place dans une pièce peu accueillante. Vingt minutes s'étaient écoulées quand une femme mince, vêtue d'une robe simple de couleur sombre, s'avança vers moi.

« Eh bien ?

– Êtes-vous la propriétaire de cette pension ? dis-je.

– La propriétaire est malade, je suis son assistante. Qu'est-ce que vous voulez ?

– S'il vous reste une chambre, je souhaiterais loger ici quelques jours.

– Nous n'avons pas de chambre individuelle, la pension est bondée en ce moment. Mais, si ça ne vous gêne pas d'en partager une, je peux vous trouver un lit.

– Je vous en serais reconnaissante. Quels sont vos tarifs ? (J'étais partie avec soixante-dix cents pour tout viatique.)

– Trente cents la nuit », indiqua-t-elle.

Je lui remis cette somme puis la laissai vaquer à son service. N'ayant plus que ma personne pour me tenir compagnie, j'inspectai mon environnement.

Autant que j'en puisse juger, ce salon ne respirait pas la gaieté. Outre l'obscurité qui y régnait, son ameublement était fort sommaire : une armoire, un bureau, une bibliothèque, un orgue et quelques chaises, voilà tout.

À peine m'étais-je familiarisée avec mes nouveaux quartiers qu'une cloche retentit au sous-sol, rivalisant de puissance sonore avec sa sœur accrochée à l'entrée. Aussitôt, des femmes venues des quatre coins de la pension descendirent en colonnes l'escalier. C'était selon toute vraisemblance l'heure du déjeuner, mais comme personne ne m'en avait rien dit, je ne me joignis pas au cortège des affamées. J'espérai en revanche qu'on m'invite à le faire, car le mal du pays et la solitude vous pèsent davantage lorsque vous n'êtes pas convié à partager le repas d'autrui, et ce même si vous n'avez pas faim. À mon grand soulagement, l'assistante de la propriétaire me proposa de manger un petit quelque chose avec les autres. J'acceptai, et m'enquis de son nom. « Mrs Stanard ». Je l'écrivis à la dérobée dans mon carnet, dont plusieurs pages étaient déjà noircies d'inepties censées tromper les médecins indiscrets.

Avec pareil équipement, j'étais prête à recueillir d'autres informations. Mais le déjeuner, d'abord – eh bien, je descendis à la suite de Mrs Stanard l'escalier en bois qui s'enfonçait vers le sous-sol, où quantité de femmes étaient en train de manger. Elle me désigna une table qu'occupaient déjà trois pensionnaires. La fille aux cheveux courts qui m'avait accueillie un peu plus tôt faisait à présent office de domestique. Les mains sur les hanches, elle me jaugea et lança :

« Mouton ou bœuf bouilli, haricots blancs, pommes de terre, thé, café ?

– Du bœuf avec des pommes de terre, du café et du pain, répondis-je.

– Le pain est compris », grommela-t-elle en se faufilant vers les cuisines contiguës à la salle de réfectoire.

Elle revint bientôt et posa devant moi avec fracas mon déjeuner sur un plateau tout éraflé. Ce plat rudimentaire ne me disant rien qui vaille, j'observai ce qui se passait autour de moi.

Je n'ai jamais manqué une occasion de critiquer les oripeaux misérables dont aime à se parer la charité. J'étais censée me trouver dans un foyer pour femmes méritantes, quelle farce ! Le sol était nu et les petites tables en bois prodigieusement ignorantes des atours modernes que sont le vernis, l'encaustique ou les nappes. Et il aurait été vain d'évoquer le prix imbattable de la toile de lin ou son effet salutaire sur la civilisation. On demande pourtant à ces honnêtes travailleuses, ces femmes de courage, de se sentir chez elles dans cet endroit terriblement austère.

Une fois leur repas terminé, les pensionnaires s'en allèrent l'une après l'autre régler Mrs Stanard, qui siégeait à un bureau dans un coin de la pièce. Je m'acquittai à mon tour des trente cents indiqués sur la note rouge et défraîchie que m'avait tendue la primitive domestique.

Je revins dans le salon glacial et inconfortable. Il me fallait vite entrer dans le vif du sujet, car je ne supporterais pas longtemps cette oisiveté forcée. Cette journée n'en finirait donc jamais ? Je coulai des regards résignés aux heureuses pensionnaires qui avaient pu s'asseoir.

L'une d'elles lisait en se grattant la tête et grondait de temps en temps un certain Georgie, sans jamais hausser la voix ni lui jeter un regard. « Georgie » était un petit gaillard aux inflexions plus riches que n'importe quel enfant de ma connaissance. Il ne ratait pas une occasion de se montrer grossier, mais sa mère ne le réprimandait que si une pensionnaire le tançait vertement. Une autre femme somnolait, ouvrant un œil quand elle ronflait un peu trop fort. Je lui étais diablement reconnaissante de ne réveiller que sa personne ! En règle générale, les pensionnaires attendaient que le temps passe rivées sur leur chaise, ou trompaient l'attente en tricotant frénétiquement.

L'énorme cloche de l'entrée ne laissait aucun repos à la portière. La dernière venue était une de ces filles qui adorent chanter à tue-tête les airs à la mode. À chaque époque, son supplice... Toutes étaient à la recherche d'un toit pour la nuit. À l'exception d'une femme de la campagne de passage en ville pour ses emplettes, il s'agissait d'ouvrières ou d'employées qu'accompagnait parfois leur progéniture.

Plus tard, aux approches du soir, Mrs Stanard vint me voir :

« Qu'est-ce qui vous chagrine ? Auriez-vous des ennuis ?

– Non, lui répondis-je, presque étonnée par sa question. Pourquoi ?

– Oh, ça se voit à votre visage. Il me semble bien triste.

– Oui, tout est si triste, fis-je, en m'efforçant de prendre un air absent.

– Allons, allons, il ne faut pas se tracasser. On a toutes nos petits soucis, mais il y a une solution à tout. Quel genre de travail recherchez-vous ?

– Je ne sais pas. Je suis si lasse.

– Est-ce que ça vous plairait de vous occuper d'enfants et de porter une jolie coiffe et un joli tablier blancs ? »

Je portai mon mouchoir aux lèvres pour dissimuler un sourire et répondis, la voix étouffée par le morceau de tissu :

« C'est que je n'ai jamais travaillé de ma vie.

– Mais vous devez apprendre, répondit-elle vivement. Toutes ces femmes ont un emploi.

– Vraiment ? fis-je en soupirant. Eh bien, elles sont affreuses, comme les folles à l'asile.

– C'est vrai, elles sont peu jolies, mais elles ont le cœur à l'ouvrage. Nous n'hébergeons pas de folles, ici. »

Je portai une nouvelle fois mon mouchoir aux lèvres en songeant qu'avant le lever du jour elle découvrirait qu'une démente s'était glissée parmi ses brebis.

« J'ai l'impression qu'elles me veulent du mal. Il y a trop de fous qui courent les rues, trop de meurtres commis et de coupables en liberté. » Je terminai cette tirade par un sanglot qui aurait ému le plus *blasé* des critiques de théâtre. Mrs Stanard eut un sursaut – j'avais fait mouche. Elle jaillit de sa chaise comme un ressort et murmura précipitamment : « Je reviens bavarder avec vous dans un instant. » Je savais que c'était un mensonge, et de fait elle n'en fit rien.

Quand la cloche annonça le dîner, tout le monde retourna au réfectoire. Le souper ressembla peu ou prou au déjeuner : moins de choix au menu mais plus de femmes attablées, car certaines étaient rentrées de leur journée de travail. Après le repas, je me mêlai de nouveau aux autres pensionnaires. Ce fut une soirée terriblement solitaire. La lumière que diffusaient l'unique brûleur à gaz du salon et la lampe à huile du couloir nous nimbait d'une lueur crépusculaire et jetait un voile bleuâtre sur nos pensées. Pareille atmosphère aurait suffi à faire de moi la candidate idéale pour l'endroit que je convoitais.

Mon regard se porta sur deux femmes, l'air plus enclines que les autres à lier conversation. Je décidai de placer mon salut, ou plutôt ma damnation, entre leurs mains. Après les avoir priées d'excuser mon intrusion, je leur avouai que je me sentais bien seule et demandai à me joindre à elles, ce à quoi elles consentirent gracieusement. Le visage défait, portant chapeau et gants – personne ne m'avait demandé de les retirer –, je pris place à leurs côtés et les écoutai deviser, me contentant de les relancer de temps à autre par un « oui », un « non » ou un « je ne sais pas ». Je me débrouillai pour insinuer que les pensionnaires me semblaient folles, mais aucune d'elles ne sembla y prêter attention. La première, une certaine Mrs King, venait du sud du pays. Elle crut déceler chez moi l'accent de sa contrée. C'était faux, bien sûr, mais j'acquiesçai. La seconde femme tentait de se renseigner sur les horaires des bateaux à destination de Boston.

J'abandonnai mon *rôle* le temps de la renseigner. Elle me demanda ensuite quel emploi je cherchais et si j'avais déjà une quelconque expérience. Je lui répondis simplement qu'il y avait, selon moi, trop de travailleurs en ce bas monde. Cette femme, qui n'avait pas eu beaucoup de chance dans sa vie, avait dû venir à New York pour trouver un emploi. Elle s'était épuisée en corrigeant les épreuves d'un dictionnaire médical, et devait à présent rentrer à Boston. Quand la domestique vint nous prier de rejoindre nos chambres, je déclarai que je préférais encore m'asseoir dans l'escalier. Elle rétorqua d'une voix qui n'admettait pas de réplique : « Il n'en est pas question, tout le monde croirait que vous avez perdu la tête. » Je me laissai conduire à l'étage.

Attardons-nous un instant sur ce nouveau personnage, cette correctrice prénommée Mrs Caine qui s'apprêtait à retourner à Boston. Sa bonté n'avait d'égale que son courage. Elle vint dans ma chambre pour bavarder et défit mon chignon avec des gestes délicats. Quelques pensionnaires s'étaient attroupées et, chacune allait de son couplet : « Pauvre fêlée ! » « Eh, on voit bien qu'elle a une araignée au plafond ! » « Maintenant j'ai peur de rester ici, avec elle dans les parages », ou encore : « Pour sûr, elle nous aura assassinées avant le petit matin. » L'une d'elles proposa même d'appeler un policeman à la rescousse.

Pas une ne voulait se risquer à veiller sur moi. Quand ma camarade de chambrée déclara qu'elle ne dormirait pas à côté d'une « folle » pour tout l'or des Vanderbilt, Mrs Caine se dévoua. « Rien ne me ferait plus plaisir », lui dis-je. Après qu'on nous eut laissées seules, elle s'allongea tout habillée sur son lit, sans perdre de vue aucun de mes mouvements. Elle me supplia de m'allonger à mon tour, mais je me gardai bien de lui obéir. Je savais qu'une fois sous les couvertures je dormirais aussi paisiblement qu'un enfant, risquant de tout flanquer par terre, suivant l'expression populaire. Je restai donc assise sur le rebord de mon lit, le regard perdu dans le vide. Mon infortunée compagne se levait toutes les cinq minutes pour s'assurer que j'allais bien. Elle déclara que mes yeux brillaient d'un éclat fiévreux et me pressa de questions sur mon ancienne adresse, le motif et la durée de mon séjour à New York, et sur mille choses encore. Je me bornai à lui répondre qu'une horrible migraine m'avait rendue amnésique.

La pauvre femme ! Que les ai-je torturées, elle et toutes les autres ! Nous étions depuis près d'une heure dans la chambre, quand un hurlement lugubre me fit sursauter. Étais-je déjà arrivée à l'asile ?

Mrs Caine se réveilla, l'œil et l'oreille aux aguets. Elle se rendit aussitôt dans la pièce voisine pour questionner ses occupantes. À son retour, elle me raconta que l'une d'elles m'avait vue me ruer sur elle avec un grand couteau. Elle s'était débattue et avait poussé un cri qui, par chance, l'avait tirée de ce mauvais rêve. À la fin de son récit, Mrs Caine se remit au lit, car elle tombait de fatigue malgré toute cette agitation.

J'étais moi-même épuisée mais, mon plan bien en tête, j'étais décidée à garder les yeux ouverts afin d'offrir une folle prestation le lendemain matin. Les douze coups de minuit sonnèrent ; le soleil ne se lèverait que dans six heures. Les minutes s'écoulaient avec une lenteur mortelle, aussi longues que des heures. Le tumulte de la pension et de l'avenue cessa complètement.

Craignant de succomber au sommeil, je me mis à remonter le temps. Étrange entreprise, en vérité ! On réalise que le plus petit incident ajoute un maillon supplémentaire à la chaîne qui nous rive à notre destin. Je vécus une seconde fois le roman de ma vie, et contemplai avec un frisson d'excitation les vieilles amitiés, les joies et les peines anciennes. Je tournai les pages de mon existence, laissant le passé jaillir dans le présent.

Mais bien vite je me préoccupai de mon avenir et du succès de ma mission. Réussirais-je à traverser l'East River et à pénétrer le territoire de mes sœurs en souffrance ? Pour y découvrir quoi ? Et après, comment sortir ? Bah ! ils me mettront tout simplement à la porte, pensais-je.

Ce fut une nuit intense : pendant quelques heures, je me trouvai face à moi-même !

Le léger chatoiement de l'aube me parvint par la fenêtre. La lumière vira au gris puis devint plus vive, sans que rien ne vienne troubler le silence régnant à l'intérieur. Ma compagne de chambre dormait à poings fermés, il me restait une heure ou deux devant moi. Mon esprit trouva par chance de quoi se repaître. En captivité, Robert Bruce passait le temps de façon aussi agréable qui soit en observant l'illustre araignée tisser sa toile. Je ne disposai pas d'une vermine aussi noble, mais je crois bien avoir fait quelques découvertes dignes d'intérêt pour l'histoire naturelle.

J'étais sur le point de sombrer une fois pour toutes quand un petit bruit attira mon attention : quelque chose avait atterri sur la courtepointe. C'était l'occasion ou jamais d'étudier ces curieuses bestioles, des cafards sortis prendre leur petit-déjeuner. Sans doute déçus de voir que le *plat*[1] principal manquait à l'appel, ils parcouraient l'édredon en tous sens, puis s'entretenaient un moment. Après l'un de ces conciliabules, ils s'en allèrent chasser ailleurs, me laissant pensive – car j'avais été grandement étonnée de les voir si grands et si agiles.

Mrs Caine s'éveilla. Quelle fut sa surprise lorsqu'elle me vit les yeux ouverts et toujours sur le qui-vive ! Sa patience n'en fut pourtant nullement entamée. Ses mains autour des miennes, elle s'efforça de me réconforter et me suggéra de rentrer chez moi. Elle me garda à l'étage le temps que la pension se vide, puis m'emmena boire un peu de café et manger un petit pain au sous-sol. Toujours murée dans mon silence, je la suivis ensuite dans notre chambre où je retrouvai mon poste, avec une mine de chien battu. Mrs Caine était de plus en plus soucieuse. « Qu'est-ce que je peux faire ? » répétait-elle.

« Où habitent vos amis ?

– Je n'ai pas d'amis. J'ai des troncs d'arbre. D'ailleurs où les ai-je mis ? J'aimerais les avoir avec moi. »

Pour m'apaiser, la chère femme m'assura que je finirais tôt ou tard par les retrouver. Ma folie ne faisait plus aucun doute pour elle.

Je lui pardonne volontiers ce pieux mensonge. Ce n'est que dans les épreuves que l'on réalise à quel point la gentillesse et la compassion sont trop rares dans ce monde. Les pensionnaires les plus

1. En français dans le texte (*N.d.T.*).

hardies s'étaient amusées à mes dépens. Elles me rendirent la vie bien dure avec leurs piques incessantes, une manière cruelle de traiter une folle en vérité. Seule la délicate Mrs Caine sut faire preuve de sentiments maternels. Elle avait brossé mes cheveux, passé un linge mouillé sur mon front et parlé doucement, telle une mère avec son enfant malade. Aux premières lueurs du jour, elle m'avait enveloppée dans une couverture puis posé un baiser sur le front en murmurant : « Ma petite, ma pauvre petite ! »

J'admire tant ce petit bout de femme plein de courage et de bonté. J'aurais aimé pouvoir la rassurer, lui murmurer que je n'étais pas folle. S'il existe femme aussi malheureuse que je prétendais l'être, je lui souhaite de croiser sur son chemin un cœur aussi noble que cette Mrs Ruth Caine.

4

Le juge Duffy et la police

Reprenons le fil de notre récit. Lorsque Mrs Stanard apparut, je recommençai de plus belle à jouer la comédie. Elle m'exhorta au calme ; sans doute souhaitait-elle que je débarrasse le plancher sans faire d'histoires. N'ayant nullement l'intention de lui faire ce plaisir, je me contentai de ressasser mon couplet sur les troncs égarés. Finalement, les deux femmes décidèrent de demander l'aide d'un policeman. Lorsque Mrs Stanard s'engouffra dans la cour, coiffée de son bonnet, je pus me féliciter d'avoir remporté ma première victoire. Elle revint bientôt, accompagnée de deux grands policemen à la ferme carrure qui, redoutant sans doute d'avoir affaire à forte partie, entrèrent dans la pièce sans faire de manières. L'un d'eux s'appelait Tom Bockert.

Je fis mine de ne pas les avoir remarqués.

« Pas d'esclandre, les pria Mrs Stanard.

– Si elle refuse de nous suivre, on devra la traîner à travers la ville », prévinrent-ils.

Je continuai pourtant mon numéro, même si la perspective d'un scandale ne me plaisait guère. Par chance, Mrs Caine vint à mon secours en leur rapportant mes divagations. Les policemen prétendirent alors vouloir m'aider à retrouver mes troncs et me demandèrent si j'étais prête à me mettre en route. Comme je déclarai que j'avais peur de partir seule avec eux, Mrs Stanard proposa de m'accompagner et ils convinrent de marcher quelques mètres derrière nous. Elle rabattit ma voilette sur mon visage, puis nous sortîmes de la pension par la porte du sous-sol. Nous traversâmes la ville sans échanger un mot, suivies de loin par les deux hommes jusqu'au commissariat. La chère femme m'assura qu'il s'agissait de la poste où mes troncs avaient toutes les chances de se trouver. Je pénétrai dans le bâtiment en tremblant sur mes jambes – non sans raison.

En effet, j'avais quelques jours plus tôt rencontré le capitaine McCullagh lors d'un meeting à la Cooper Union. S'il se trouvait à l'intérieur, c'en était fini de mes projets. J'enfonçais autant que possible mon canotier sur mon front, et me préparai mentalement à l'affronter.

Sans surprise, je trouvai l'imposant capitaine debout à côté d'une table de travail. Il m'examina attentivement tandis que son collègue, assis au bureau, s'entretenait à voix basse avec Mrs Stanard et l'agent Tom Bockert.

« Êtes-vous Nellie Brown ? » demanda-t-il. Il me semblait que c'était bien là mon nom, lui répondis-je. « D'où venez-vous ? » Je déclarai que je n'en avais pas la moindre idée. Mrs Stanard lui dit tout ce qu'elle savait à mon propos, lui rapportant mon étrange comportement et ma nuit d'insomnie. Selon elle, je n'étais qu'une pauvre fille rendue folle par de mauvais traitements. Elle échangea ensuite quelques mots avec les deux hommes, et il fut décidé que l'agent Tom Bockert nous conduirait au tribunal.

« Suivez-moi, me dit-il, je vais vous aider à retrouver vos troncs. » Je leur témoignai à lui et à Mrs Stanard une vive reconnaissance. Sur le chemin, je répétai à l'envi ma petite histoire, et attirai leur attention sur la saleté des rues et l'excentricité des passants. « C'est la première fois que je vois de tels personnages. Qui sont ces gens ? » Mes accompagnateurs ouvrirent des yeux ronds, croyant très certainement que j'étais étrangère. C'étaient des ouvriers, m'apprirent-ils. Quand j'observai qu'il y avait trop de travailleurs pour trop peu de travail, l'agent Bockert me dévisagea comme si j'étais décidément perdue. Nous croisâmes sur le chemin des policemen désireux de connaître la raison de mon arrestation, et nous fûmes bientôt escortés par une bande d'enfants déguenillés au drôle de parler : « Ben, c'est quoi qu'elle a fait ? » « M'sieur l'agent, où que vous l'emmenez ? » « Vous l'avez dénichée où ça, celle-là ? » « Pas trop mal, la belette ! »

La pauvre Mrs Stanard était terrorisée. Les événements prenaient un tour résolument intéressant.

Nous arrivâmes enfin devant le tribunal, petit édifice devant lequel était attroupée une foule de curieux. Comme mon cas ne me semblait pas suffisamment grave, je demandai si toutes ces personnes étaient elles aussi venues pour leurs troncs.

« Oui, répondit l'agent Bockert, la plupart aimeraient mettre la main dessus.

– Ils ont l'air étrangers.

– Vous avez raison. Ils viennent à peine d'arriver en Amérique. Ils ont perdu leurs troncs, et nous employons beaucoup d'énergie à les aider dans leurs recherches. »

Il nous introduisit dans la salle d'audience du tribunal de police du marché d'Essex où allait enfin être tranchée la question de ma folie. Le juge Duffy siégeait derrière un bureau surélevé, semblant distribuer en abondance le lait de la tendresse humaine. Je craignis que la gentillesse qui se lisait sur chaque trait de son visage ne joue en ma défaveur, et c'est donc l'estomac noué que je suivis Mrs Stanard à la barre. Tom Bockert venait d'y faire son rapport.

« Approchez-vous, dit un officier de police judiciaire. Comment vous appelez-vous ?

– Nellie Brown, fis-je avec un léger accent. J'ai égaré mes troncs. Auriez-vous l'amabilité de m'aider à les retrouver ?

– Est-ce que vous venez d'arriver à New York ?

– Pas du tout ! (Effectivement, cela faisait déjà quelque temps que j'étais en ville.)

– Mais vous êtes à New York à présent.

– Non, répliquai-je, l'air incrédule. Je n'y ai jamais mis les pieds de toute ma vie.

– Cette jeune fille vient de l'Ouest. Ça s'entend à son accent », déclara-t-il avec une assurance qui me fit blêmir.

Sur ce, un homme originaire du Sud rétorqua qu'il avait reconnu l'accent de son pays, tandis qu'un troisième affirmait que j'avais l'accent de l'Est. Mon interrogateur finit par se tourner vers le juge : « Votre honneur, il s'agit d'une affaire abracadabrante : cette jeune personne ignore qui elle est et d'où elle vient. Mieux vaut régler cette affaire sans tarder. »

Je balayai du regard l'étrange assemblée d'hommes et de femmes qui m'entouraient. Leurs vêtements et leurs figures laissaient transparaître des vies de labeur, de misère et de mauvais traitements. Certains s'entretenaient vivement avec leurs amis, d'autres restaient plantés sur leur chaise, la mine battue. Ici ou là, des officiers de police joufflus et bien mis contemplaient passivement la scène, indifférents au drame qui se jouait devant eux. Ils ne la connaissaient que trop bien, leur histoire. Un pauvre diable de plus au bas d'une liste qui avait depuis longtemps cessé de les intéresser.

« Approchez, jeune fille, et levez votre voilette, je vous prie, ordonna le juge d'une voix sévère qui tranchait avec son apparente bonhomie.

– À qui croyez-vous donc vous adresser ? fis-je d'un ton très digne.

– Veuillez approcher et découvrir votre visage, ma chère. Si la reine d'Angleterre se trouvait parmi nous, je lui aurais fait la même demande, se radoucit-il.

– Voilà qui est mieux. Je ne suis pas la reine d'Angleterre, mais j'accède à votre requête. »

Je m'exécutai sous le regard attentif du petit juge, puis, d'une voix aimable, celui-ci reprit :

« Alors, que vous arrive-t-il, mon enfant ?

– Rien de bien méchant. Seulement, j'ai égaré

mes troncs, et cet homme *(je pointai l'index en direction de l'agent Bockert)* m'a promis de m'aider à les retrouver.

– Que savez-vous de cette jeune fille ? gronda le juge à l'intention de Mrs Stanard, qui se tenait pâle comme un linge et toute tremblante à mes côtés.

– Pour dire vrai, presque rien. Elle est arrivée à la pension hier et y a passé la nuit.

– Comment ça, la pension ? demanda vivement le juge.

– La pension pour travailleuses située au n° 84 de la Deuxième Avenue.

– Quelle place y occupez-vous ?

– Je suis l'assistante de la propriétaire.

– Eh bien, dites-nous tout ce que vous savez de cette affaire.

– Hier, alors que je gagnais à pied mon travail, j'ai remarqué cette jeune femme qui marchait seule sur l'avenue. Je venais d'arriver à la pension quand elle a sonné la cloche. Je lui ai donné une chambre pour la nuit, comme elle me l'a demandé. Plus tard dans la journée, elle m'a dit qu'elle soupçonnait les pensionnaires d'être folles. Au bout du compte, elle est montée dans sa chambre mais est restée assise sur son lit toute la nuit.

– Avait-elle de l'argent sur elle ?

– Oui, répondis-je à la place de Mrs Stanard, j'ai payé le logement et le couvert. Mais, très franchement, je n'ai jamais aussi mal mangé de ma vie. »

Plusieurs visages s'animèrent d'un sourire, et j'entendis quelqu'un commenter : « Plutôt lucide pour ce qui est de la nourriture. »

« La chère enfant, souffla le juge Duffy. Sa toilette et ses manières sont élégantes. Je donne ma main à couper que c'est une jeune femme de qualité. Sans doute la chérie de quelqu'un. »

Des rires fusèrent dans la salle d'audience. Je réprimai un gloussement en portant mon mouchoir aux lèvres.

« J'entends par là qu'elle doit être la fille chérie de sa maman, reprit prestement le juge. Celle-ci est certainement en ce moment même à sa recherche. La malheureuse me fait penser à ma défunte sœur. Je vais faire pour elle tout ce que je peux. »

Le calme revint. Plusieurs agents de police me gratifièrent d'un regard bienveillant. Béni soit ce juge au grand cœur, puissent les âmes tourmentées avoir affaire à un homme aussi généreux.

« Il est fort dommage qu'aucun reporter ne soit là, dit-il au bout d'un moment. Leur aide nous aurait été fort utile pour tirer au clair cet imbroglio. »

Je ne pus m'empêcher de frémir car s'il y a bien une personne capable de flairer une supercherie, c'est un journaliste. Plutôt affronter un bataillon d'aliénistes, de policemen et de détectives que me frotter à deux brillants collègues ! Je répliquai : « Je ne vois pas en quoi tout cela peut m'aider à retrouver mes troncs. Ces hommes sont impudents de me dévisager comme ils le font. Je refuse de rester une minute de plus ici. »

J'abaissai ma voilette et priai pour qu'une bonne histoire retienne mes confrères jusqu'à mon internement.

« Vraiment, je ne sais pas quoi faire, dit le juge

visiblement préoccupé. Cette pauvre enfant a besoin de soins.

– Envoyez-la sur l'île, proposa quelqu'un.

– Surtout pas ! s'exclama Mrs Stanard. Je vous en prie ! C'est une dame, elle va en mourir. »

Je me retins de secouer la chère femme par les épaules. Elle essayait de me tenir éloignée de l'objectif que je me donnais tant de peine à atteindre ! Dans les circonstances qui nous occupent, ses louables efforts étaient tout bonnement horripilants.

« Quelqu'un lui aura joué un mauvais tour, avança le juge. À mon avis, on l'a droguée puis emmenée à New York. Préparez les papiers, je l'envoie passer des examens à l'hôpital Bellevue. Dans quelques jours, une fois l'effet des drogues dissipé, elle nous racontera son histoire rocambolesque, à coup sûr. »

À la demande du juge Duffy, l'agent Bockert me conduisit avec Mrs Stanard dans son bureau. Peu de temps après, le magistrat nous y rejoint et annonça que j'étais originaire de Cuba.

« Oui, répondis-je avec un sourire. Comment le savez-vous ?

– Oh, je le sais, ma chère, voilà tout. Maintenant, dites-moi un peu, dans quel coin de l'île habitez-vous ?

– Dans une hacienda.

– Une ferme, donc. Vous connaissez certainement La Havane, alors ?

– *Si señor*. La ville n'est pas très loin de chez nous. Comment avez-vous deviné ?

– Je connais très bien cet endroit. Ne voulez-vous pas m'indiquer le lieu exact où vous vivez ? demanda-t-il, enjôleur.

– J'ai oublié, répondis-je, morose. C'est à cause de cette sempiternelle migraine. Je ne veux pas qu'on m'importune. Toutes ces questions ne font que l'empirer. »

C'était là la stricte vérité.

« N'ayez crainte, on ne vous embêtera plus. Reposez-vous un instant », dit le juge avant de prendre congé.

La porte s'ouvrit alors sur un officier de police judiciaire et un reporter. Je redoutais tant d'être percée à jour que je tournai aussitôt la tête et m'écriai :

« Je ne veux voir aucun journaliste. Le juge a promis qu'on me laisserait tranquille.

– Cette fille n'est pas plus folle que vous ou moi », déclara l'officier, puis les deux hommes tournèrent les talons.

Je fus prise de panique. Avais-je commis ma première erreur en refusant de parler à un confrère ? Si j'avais pu donner l'impression d'être saine d'esprit, j'étais bien décidée à la défaire. Je bondis sur mes pieds et me mis à arpenter le bureau au pas de course, la pauvre Mrs Stanard pendue à mon bras.

« Qu'on me laisse sortir, je veux voir mes troncs ! Pourquoi s'acharne-t-on sur moi ? » Et je continuai de la sorte jusqu'à ce que le juge revienne, accompagné d'un médecin.

5

Déclarée folle

« On a drogué cette malheureuse enfant, expliqua le juge au médecin. Je vous serais reconnaissant de la traiter avec les égards qu'elle mérite. » Se tournant ensuite vers Mrs Stanard, il lui demanda si je ne pouvais pas rester quelques jours de plus à la pension, le temps que l'on découvre mon identité. Fort heureusement, elle répondit que si elle permettait une chose pareille, il ne leur resterait plus qu'à mettre la clé sous la porte. Comme je redoutais qu'une coquette somme d'argent ne lui fasse changer d'avis, je déclarai que la nourriture y était infecte et qu'il était hors de question que je retourne là-bas. Vint enfin l'examen médical. De figure intelligente, ce docteur ne semblait pas être homme à se laisser duper. Je décidai toutefois de pousser plus loin la plaisanterie.

« Tirez la langue », ordonna-t-il brusquement.

Il y avait vraiment de quoi rire.

« Je vous ai demandé de tirer la langue, répéta-t-il.

– Je n'en ai pas envie, répondis-je en toute bonne foi.

– Vous devez pourtant. Vous êtes malade et je suis médecin.

– Je me porte comme un charme. Je veux seulement retrouver mes troncs. »

Je finis par céder, et il observa ma langue d'un air pénétré. Il prit également mon pouls et écouta mon cœur. J'ignorais comment bat le cœur d'un fou, mais dans le doute je retins ma respiration puis haletai pour reprendre mon souffle. Le médecin testa ensuite la réactivité de mes pupilles en les éclairant. Il remua sa main à deux centimètres de ma figure et examina une nouvelle fois mes yeux. Je m'efforçai de regarder droit devant moi sans cligner les paupières, y compris quand il eut retiré sa main de devant mon visage.

« Quelles drogues avez-vous prises ? demanda-t-il.

– Je vous demande pardon ? fis-je, interloquée. J'ignore de quoi vous parlez.

– Ses pupilles étaient déjà comme ça quand elle est arrivée à la pension. Elles n'ont pas changé depuis », commenta Mrs Stanard.

Je m'apprêtai à lui demander d'où elle tenait pareille information, mais me ravisai.

« Elle a pris de la belladone », trancha le médecin. Pour la première fois de ma vie, je me félicitai d'avoir le regard myope. Comme je souhaitais être sincère autant qu'il m'était possible, je lui dis qu'il n'avait pas le droit de retenir contre son gré une personne qui ne souffrait que d'un défaut de la vue. Il écrivit longuement dans un grand et mince cahier, puis déclara qu'il comptait me raccompagner à mon domicile. En réalité, il avait été chargé par le juge

Duffy de me conduire à l'hôpital pour s'assurer que j'y recevrais les meilleurs soins.

Ayant pris de l'assurance grâce à mes récents succès auprès d'un médecin, d'un juge et de bien d'autres personnes encore, j'abaissai ma voilette en exultant lorsqu'il m'informa qu'un véhicule nous attendait dehors. « Je suis ravie que nous fassions le trajet ensemble », répondis-je. J'étais effectivement sur un petit nuage. Sous la garde de l'agent Bockert, je retraversai la salle d'audience bondée puis sortis par une porte dérobée derrière laquelle stationnait une ambulance. Nous pénétrâmes d'abord à l'intérieur d'un bureau encombré d'épais registres et de policemen qui jouxtait les grilles du tribunal. Le médecin abrégea leur interrogatoire en affirmant que les papiers étaient en règle et qu'il était inutile de chercher à obtenir des renseignements que j'étais incapable de leur fournir. Je lui en sus gré, car mes nerfs avaient déjà été mis à trop rude épreuve. Une sorte de balourd voulut me faire monter de force dans l'ambulance, mais je m'opposai à lui si vivement que le médecin et l'agent Bockert m'offrirent leurs bras en manière de galanterie. Cela ne suffit pourtant pas à m'apaiser. C'est bien la première fois que je vois une voiture de ce genre, m'écriai-je, je n'irais nulle part à son bord. Mais je me radoucis au bout d'un moment, comme le prévoyait mon plan.

Jamais je n'oublierai ce trajet. Une fois que je fus allongée sur la couverture jaune, le médecin prit place à côté de la portière. Les larges grilles s'ouvrirent, et les curieux qui s'étaient attroupés devant reculèrent pour laisser sortir l'attelage. Tous voulaient voir la folle. Constatant mon agacement, le médecin me demanda la permission de fermer les rideaux. Ce qui fut accordé mais n'empêcha pas les enfants de nous poursuivre en vociférant pour tenter de glisser un œil à l'intérieur de la cabine. Le voyage se révéla plutôt distrayant, quoique affreusement agité. Je m'agrippais tant bien que mal à tout ce qui s'offrait à moi – pas grand-chose en vérité –, tandis que le cocher fendait l'air comme si nous étions en fuite.

6

L'hôpital Bellevue

Troisième étape de mon périple, l'hôpital Bellevue apparut enfin. L'ambulance s'immobilisa brutalement devant l'édifice et le médecin mit pied à terre. « Combien de malades amenez-vous ? » demanda une voix. « Une seule, pour le pavillon. » Un homme à l'air pataud m'extirpa de la voiture comme s'il craignait que je ne lui oppose la vigueur d'un éléphant. Devant ma mine dégoûtée, le médecin lui intima l'ordre de me laisser tranquille, me souleva doucement et me reposa au sol. Je contournai avec majesté les curieux venus voir l'infortunée du jour et entrai dans un petit bureau sombre qu'occupaient plusieurs individus. L'homme assis à la table de travail ouvrit un registre et se lança dans un interrogatoire sans fin.

Face à mon silence obstiné, on ordonna de me conduire dans le pavillon des aliénées. Un solide gaillard me saisit si fermement le bras que j'en éprouvai une vive douleur. Mon sang ne fit qu'un tour : « Comment osez-vous me toucher ? » Il desserra sa prise et je le secouai avec une force insoupçonnée. « Je ne suivrai personne d'autre que cet homme, dis-je en pointant le médecin de l'index. Le juge m'a confiée à ses soins. »

Celui-ci m'offrit son bras et nous suivîmes notre butor à travers la salle des malades, jusqu'au pavillon des aliénées où nous accueillit une infirmière à coiffe blanche.

« Cette jeune femme partira avec le prochain bateau », l'informa mon protecteur. Lorsque je le vis sur le départ, je le suppliai de ne pas me laisser, à quoi il répondit qu'il souhaitait déjeuner et que je devais attendre sagement son retour. Comme j'insistai, il affirma que cela ne ferait pas bon effet si j'assistais à l'amputation qu'il s'apprêtait à pratiquer avec un confrère. Il me croyait donc capable de gober pareil mensonge ! C'est alors qu'un hurlement à vous faire dresser les cheveux sur la tête nous parvint de l'extérieur. J'avais beau être vaillante, je ne pus m'empêcher de frémir en songeant à mes prochaines compagnes de cellule. Comme je manifestai de la nervosité, le médecin dit à l'infirmière : « Ce charpentier fait décidément trop de bruit », avant de prétendre que des artisans travaillaient à la construction de nouveaux bâtiments. Je le suppliai de ne pas m'abandonner, en vain ; il me promit de faire au plus vite puis partit pour de bon, scellant mon sort de patiente d'un asile d'aliénées.

Dos à la porte, je contemplai le décor qui s'offrait à moi. Un grand hall, au sol nu et aux murs briqués, à la blancheur typique des institutions publiques. À l'arrière, plusieurs portes blindées cadenassées. Des bancs et quelques chaises d'osier pour tout ameublement. De part et d'autre, deux rangées de portes qui, je le découvrirais plus tard, menaient aux chambres. Deux pièces supplémentaires flanquant chaque côté du hall : à droite, un salon, à gauche, un petit réfectoire. Robe noire, coiffe et tablier blancs, une infirmière montait la garde, armée d'un trousseau de clés. Elle s'appelait Miss Ball.

Les patientes, puisqu'on leur donne ce nom, pouvaient compter sur la gentillesse et le dévouement de la bonne à tout faire, une vieille Irlandaise prénommée Mary. En plus de moi, il y en avait trois en tout. Je me remis prestement au travail, persuadée que le prochain médecin me renverrait sur-le-champ dans le trop vaste monde. Je quittai donc mon poste d'observation pour aborder une certaine Miss Anne Neville qui souffrait d'épuisement. Ancienne femme de chambre, elle avait été envoyée en convalescence chez des religieuses puis transférée à l'hôpital Bellevue quand son neveu, un garçon de restaurant qui pourvoyait jusqu'alors à ses besoins, s'était retrouvé sans emploi.

« Vous n'avez donc aucune maladie mentale ? m'enquis-je.

– Aucune. Les médecins m'ont embrouillé l'esprit avec leurs questions bizarres, mais mon cerveau fonctionne à merveille.

– Ce pavillon est pourtant réservé aux personnes atteintes de démence, n'est-ce pas ?

– Oui, mais qu'est-ce que je peux y faire ? Les médecins refusent de m'écouter, et il est inutile de compter sur l'aide des infirmières. »

Sans que je sache trop pourquoi, je tirai une

certaine satisfaction à savoir Miss Neville aussi saine d'esprit que je l'étais moi-même. Quant à la deuxième patiente, elle m'eut l'air plutôt dérangée. Mais, à dire vrai, j'ai croisé nombre de femmes pauvres qui, sans qu'on les eût considérées folles, ne semblaient pas avoir davantage les idées en place.

Je ne tirai pas grand-chose de la dernière patiente, Mrs Fox. Elle déclara que son cas était sans espoir, avant de retomber dans son mutisme. Une certaine Miss Scott, frêle infirmière au teint de porcelaine, prit son service. Une fois qu'elle eut coiffé son calot, elle dit à Miss Ball d'aller déjeuner, puis s'adressant à moi :

« Vous, ôtez votre chapeau.

– Il n'en est pas question. J'attends le bateau, répondis-je.

– Vous n'irez nulle part. Autant que vous le sachiez, vous êtes dans un hôpital psychiatrique. »

Elle ne m'apprenait rien que je ne sache déjà, pourtant sa cruauté me scandalisa.

« On m'a emmenée ici de force. Je ne suis ni folle ni malade, je n'ai rien à faire dans cet endroit, répondis-je.

– Vous n'êtes pas près de sortir si vous vous obstinez à désobéir, rétorqua Miss Scott. Veuillez retirer votre chapeau ou bien je m'en chargerai moi-même. Je n'ai qu'à sonner cette cloche pour avoir de l'aide. Alors, vous allez l'enlever, oui ?

– Non, j'ai froid. Et vous ne pouvez pas m'obliger à le faire.

– Je vous donne deux minutes, ensuite j'emploierai les grands moyens. Je vous préviens, ce ne sera pas agréable.

– Si vous retirez mon chapeau, je vous retire le vôtre. Comme vous voudrez. »

Miss Scott fut alors appelée à l'entrée. Craignant que mon entêtement ne trahisse une santé de fer, j'enlevai chapeau et gants, et restai sagement assise. Mon estomac commençait à crier famine, mais heureusement je vis Mary préparer le repas en deux tours de main. Elle tira un banc jusqu'à une table sommaire puis invita les patientes à se rassembler autour du « festin », plaçant devant chacune une petite assiette de fer-blanc contenant une pomme de terre et un morceau de viande bouillie. Les aliments n'auraient pas été plus froids s'ils avaient été cuisinés la semaine précédente. Ils n'avaient en outre lié connaissance avec aucune sorte d'assaisonnement. En me voyant dans mon coin, Mary me porta mon assiette et demanda :

« Vous auriez que'ques pennies, mon petit ?

– Comment ? fis-je, surprise.

– Vous auriez que'ques pennies, mon petit, que vous pourriez me donner ? Toute façon, i'vous les prendront, alors autant que ce soit à moi que vous les donnez. »

Je comprends aujourd'hui les motifs d'une telle requête. Mais je ne souhaitais pas lui graisser la patte si tôt dans le jeu, de peur de bénéficier d'un quelconque traitement de faveur. Je répondis donc que j'avais perdu mon sac, ce qui était vrai après tout. Ce refus ne sembla pas refroidir Mary. Quand je repoussai l'assiette de fer-blanc, elle alla m'en chercher une autre de porcelaine et, devant mon air obstiné, m'offrit un verre de lait et un biscuit salé.

Le vent s'engouffrait par les fenêtres ouvertes du hall, mettant au supplice ma nature sudiste. Le froid devint à ce point insupportable que je m'en plaignis à Miss Scott et Miss Ball. Elles répliquèrent sèchement que je ne pouvais pas attendre davantage d'un endroit comme celui-ci. Je n'étais manifestement pas la seule à souffrir de ces températures, mais les infirmières portaient, elles, d'épais vêtements qui les gardaient bien au chaud. Je leur demandai la permission d'aller me coucher. « Certainement pas ! » répondirent-elles en chœur. Miss Scott secoua un vieux châle pour en faire partir les mites et me le tendit.

« Il est en bien piteux état, commentai-je.

– Il y en a qui auraient la vie plus facile si elles ne faisaient pas tant les fières, rétorqua Miss Scott. Quand on vit de la charité, on ne fait pas de caprices. »

Je me couvris les épaules avec le châle mangé aux mites, puis m'assis sur une des chaises d'osier. L'ayant ramené sur ma tête pour me réchauffer le nez, je me laissai gagner par la torpeur. Mais il me fut bientôt arraché : Miss Scott et un nouveau médecin apparurent devant moi. En guise de salut, celui-ci lança :

« Tiens, ce visage me dit quelque chose.

– Nous serions-nous déjà rencontrés ? demandai-je avec un enthousiasme forcé.

– Il me semble bien. D'où venez-vous ?

– De chez moi.

– Et où est-ce, chez vous ?

– Cuba. Vous ne saviez pas ? »

Il s'assit à côté de moi, prit mon pouls, examina ma langue et, au bout d'un moment, reprit :

« Veuillez indiquer votre nom à Miss Scott.

– Non, je refuse de parler à une femme.

– Que faites-vous à New York ?

– Rien du tout.

– Avez-vous un emploi ?

– *No, senõr.*

– Dites-moi, vous ne seriez pas une de ces filles de mauvaise vie ?

– Je ne comprends pas cette question, répondis-je, emplie de dégoût.

– Avez-vous laissé des hommes vous entretenir ? »

Je me retins de lui donner un soufflet, et répondis plutôt : « Je ne vois pas à quoi vous faites allusion. J'ai toujours vécu chez moi. »

À la fin d'une série de questions aussi inutiles que grotesques, il s'entretint un moment avec l'infirmière. « Démente, cela ne fait aucun doute, l'entendis-je dire. Son cas laisse peu d'espoir. Il faut la placer dans une institution spécialisée. »

Et voici comment je passai haut la main mon deuxième examen.

Après cet épisode, mon aplomb augmenta autant de fois que diminua mon estime pour le corps médical. Je compris qu'on ne peut établir avec une totale certitude la folie de quelqu'un qui ne manifeste aucune violence.

Plus tard dans l'après-midi, une femme et son fils pénétrèrent dans le pavillon, la première prenant place sur un banc et le second rencontrant Miss Scott pour s'entretenir avec elle. Peu de temps après, l'homme gratifia sa mère d'un hochement de tête puis disparut. Cette femme avait l'air en bonne santé ; je ne pus toutefois connaître son histoire car elle ne s'exprimait qu'en allemand. J'appris seulement son nom : Mrs Louise Schanz. Elle était certes un peu désorientée, mais elle s'exécuta avec diligence lorsque les infirmières lui mirent un ouvrage de couture entre les mains. À quinze heures, nous eûmes droit à un peu de bouillon de gruau, suivi deux heures plus tard d'une tasse de thé et d'un morceau de pain. Je ne pus avaler ni l'un ni l'autre, alors Mary m'offrit un bol de lait et un biscuit salé.

Au moment même où les becs de gaz furent allumés, une sixième patiente fit son entrée. C'était une jeune fille de vingt-cinq ans, qui avait été obligée de garder le lit pendant une longue maladie. Son apparence confirmait ses dires : elle semblait avoir subi les assauts d'une fièvre violente. « Je souffre désormais de neurasthénie, expliqua-t-elle. Mes amis m'ont envoyée ici pour que je guérisse. » En la voyant si confiante, je n'osai lui dire où nous nous trouvions. À dix-huit heures quinze, Miss Ball voulut finir son service. Elle nous assigna à chacune une chambre, nous ordonna de nous dévêtir. J'obéis et enfilai la combinaison de flanelle qu'elle me tendit. Elle fit un ballot de tous mes vêtements, l'étiqueta sous mon faux nom, puis l'emporta. Elle s'assura ensuite que la fenêtre à barreaux était bien fermée et après m'avoir donné, à titre exceptionnel précisa-t-elle, une couverture supplémentaire, elle disparut pour de bon. La couche était passablement inconfortable, avec son oreiller garni de paille et son matelas si dur qu'on n'aurait pas pu y faire une bosse. Un morceau de toile cirée le protégeait. J'essayai de le réchauffer tant bien que mal, mais dus me résoudre à rendre les armes à l'aube.

J'avais espéré prendre un peu de repos lors de ma première nuit à l'asile. Quelle déception ! Intriguées par la nouvelle venue, les infirmières de nuit s'invitèrent dans ma chambre. Après leur départ, j'entendis une voix demander à rencontrer Nellie Brown. C'était un reporter qui enquêtait sur moi et souhaitait examiner mes vêtements. Je fus soulagée quand l'infirmière lui répondit que j'étais à un degré de folie avancé. Voilà qui était encourageant. Une fois le reporter parti, ce fut un médecin qui demanda à me voir, sans indiquer la raison de sa visite. Il entra dans ma chambre, accompagné d'un autre homme. J'imaginais le pire.

« Nellie Brown, ce médecin aimerait s'entretenir avec vous », dit l'infirmière. Si tel était son souhait, je pouvais aisément le réaliser. Je pointai le nez hors des couvertures et levai les yeux, rassurée par ce que je découvris.

Un jeune homme bien fait de sa personne, m'ayant tout l'air d'un gentleman, se tenait devant moi. Si par la suite certaines personnes ont pu blâmer son indiscrétion, je reste convaincue qu'il ne pensait pas à mal. Il s'assit sur mon lit et passa un bras autour de mes épaules. J'avais les plus grandes difficultés à me concentrer – seules les jeunes femmes comprendront ce que j'entends par là.

« Comment vous portez-vous ce soir, Nellie ? demanda-t-il avec nonchalance.
– Bien, ma foi, répondis-je.
– Vous êtes pourtant malade.
– Vraiment ? »
Je tournai mon visage vers l'oreiller et souris.
« Quand avez-vous quitté Cuba, Nellie ?
– Vous savez donc où je vis ?
– Absolument. Vous ne vous souvenez pas de moi ? Moi, je me souviens de vous.
– Vraiment ? » (Jamais je n'aurais pu oublier sa figure.)
Son ami se contentait de me fixer du regard. Une fois que j'eus répondu honnêtement à ses questions, ils me laissèrent seule. Mais ce ne fut que le début des contrariétés. Les infirmières se faisaient la lecture à voix haute et se levaient toutes les trente minutes pour jeter un œil dans les chambres, martelant le sol de leurs bottines avec la légèreté d'un régiment de dragons. J'étais certaine que les autres patientes avaient au moins autant de mal à trouver le sommeil que moi-même. Les cris qui nous parvenaient du pavillon des hommes rendaient notre attente plus sinistre encore. Lorsque le jour pointa enfin, les infirmières battirent les œufs pour le petit-déjeuner, ce qui aiguisa ma faim. Puis la cloche de l'ambulance avec son nouveau lot d'infortunés sonna le glas de la vie et de la liberté. Ainsi se déroula la première nuit d'une pauvre folle à l'hôpital Bellevue.

7

Objectif en vue

Six heures venaient de sonner, au matin du dimanche 25 septembre, quand les infirmières m'arrachèrent les couvertures. « Debout, il faut se lever ! » Elles ouvrirent la fenêtre, laissant le grand frais pénétrer dans la chambre, puis me rendirent mes vêtements. Une fois habillée, je me laissai guider vers une table de toilette où les autres patientes se débarbouillaient des dernières traces de sommeil. À sept heures tapantes, Mary nous servit un bol de bouillon de volaille peu ragoûtant. Il faisait froid comme dans une glacière. Je m'en plaignis à une infirmière qui rétorqua que l'institution avait pour règle de ne pas chauffer avant octobre et que, de toute façon, les conduites de vapeur d'eau n'avaient pas même été installées. Quand le petit-déjeuner fut terminé, les infirmières de nuit nous coupèrent les ongles à ras avec de petits ciseaux. Peu après, un jeune médecin entra dans le pavillon et je fus conduite au salon.

« Qui êtes-vous ? me demanda-t-il.

– Nellie Moreno.

– Dans ce cas, pourquoi avoir indiqué que vous vous appeliez Brown ? Qu'est-ce qui ne va pas ?

– Rien du tout. On m'a amenée ici de force. À présent, je veux partir. Me laisserez-vous partir à la fin ?

– Si vous m'accompagnez dehors, vous ne vous enfuirez pas ?

– Ça, je ne peux pas vous le promettre », répliquai-je en souriant – je poussai un long soupir devant sa gracieuse figure.

Il me demanda ensuite s'il m'arrivait de voir des visages sur les murs ou d'entendre des voix. Je m'efforçai de lui répondre de mon mieux.

« Entendez-vous des voix la nuit ?

– Oui, tous ces bavardages m'empêchent de dormir.

– C'est bien ce que je pensais », murmura-t-il pour lui-même.

Puis en me fixant du regard :

« Et ces voix, que disent-elles ?

– Eh bien, je ne leur prête pas vraiment attention. Elles parlent de Nellie Brown et de toutes sortes de sujets qui ne m'intéressent pas, fis-je le plus sincèrement du monde.

– Ça fera l'affaire, lança-t-il à Miss Scott qui était postée à l'entrée.

– M'autoriserez-vous à sortir maintenant ?

– Oui, fit-il avec un rire satisfait, vous sortirez bientôt.

– J'aimerais quitter au plus vite cet endroit, il y fait très froid.

– Elle a raison, dit-il à l'infirmière, il fait un froid de loup. Vous allez vous retrouver avec plusieurs cas de pneumonie sur les bras si vous n'y prenez pas garde. »

Sur ces paroles, je sortis du salon et m'assis près de la porte pour ne rien perdre des autres consultations. À quelques détails près, elles furent semblables. Le médecin demanda à chaque patiente si elle voyait des visages sur le mur ou entendait des voix. Pas une seule affirma avoir de telles hallucinations, je peux en témoigner. Mary nous servit à dix heures du bouillon de bœuf fade et à midi un morceau de viande froide accompagné d'une pomme de terre. À quinze heures et à dix-sept heures trente, nous eûmes pour collation un petit bol de gruau puis une tasse de thé avec une tranche de pain. Nous avions froid et nous avions faim. Après le départ du jeune médecin, les infirmières nous donnèrent des châles en nous recommandant de faire quelques pas dans le hall pour nous réchauffer.

Ce fut toute la journée un défilé continu de gens venus voir la mystérieuse Cubaine. Je m'emmitouflai dans mon châle comme dans un capuchon. Plusieurs visiteurs à la recherche d'une jeune fille disparue demandèrent à voir mon visage mais, une fois que ce fut chose faite, ils déclarèrent, Dieu merci : « Je ne la connais pas », ou : « Ce n'est pas elle. » J'eus également la visite de James F. O'Rourke[1], qui m'examina à son tour pour éprouver ses talents. Il revint par la suite accompagné de femmes élégantes et d'hommes du monde impatients de rencontrer la fameuse Nellie Brown.

1. James F. O'Rourke fut le directeur de l'hôpital Bellevue de 1875 à 1889. (*N.d.T.*)

Bien plus ennuyeux, les reporters ne cessaient d'affluer. J'étais tourmentée à l'idée que leurs esprits rusés réussissent à me percer à jour. Ils ne manquaient jamais de courtoisie et se montraient respectueux dans toutes leurs questions. Depuis la fenêtre du petit salon, le jeune et charmant médecin de la veille recommanda à l'infirmière de les autoriser à m'interroger, car ils pourraient ainsi aider à établir mon identité.

Je passai dans l'après-midi un autre examen avec le Dr Field. Peu bavard, il me posa toutefois une série de questions parfaitement déplacées, concernant mes fréquentations, mes amants et mes projets de mariage. Il me fit tendre les bras puis remuer les doigts, ce que je fis bien volontiers. Il déclara alors à son tour que mon cas laissait peu d'espoir. Le numéro se répéta avec les autres patientes.

Peu de temps avant qu'il ne parte, Miss Tillie Mayard découvrit qu'elle se trouvait dans le pavillon des aliénées. Elle fonça vers lui pour demander des explications.

« Vous venez juste de comprendre que vous êtes dans un asile ? fit-il.

– Mes amis m'ont envoyée au pavillon de convalescence pour que je me remette d'une récente maladie. Je veux sortir immédiatement.

– Allons bon, rien ne presse, répondit-il en riant.

– Si vous êtes un tant soit peu compétent, vous devriez voir que je suis saine d'esprit. Allez-y, interrogez-moi.

– Nous avons tout ce qu'il nous faut pour le moment », se contenta de répondre le médecin.

Sur ce, il tourna les talons, condamnant la pauvre femme à rester probablement jusqu'à la fin de ses jours chez les fous sans lui avoir donné la moindre chance de s'expliquer.

La nuit se passa, en tout point semblable à la précédente. Nous ne nous étions habituées ni aux incessants bavardages des infirmières ni à leurs pas tonitruants. Au petit matin, elles nous prévinrent que notre départ aurait lieu à treize heures trente. Persuadées que mon amant m'avait jetée dans le monde et obscurci l'esprit, elles cherchaient sans cesse à me soutirer des informations. Tout comme les reporters, plus enragés que jamais dans leur tentative d'obtenir quelque révélation. Miss Scott leur interdit néanmoins de me parler, ce dont je lui fus grandement reconnaissante. Sans ça, le mystère aurait tôt fait d'être résolu car certains me connaissaient au moins de vue. Warden O'Rourke revint s'entretenir brièvement avec moi. Il nota son nom dans mon carnet parce que, indiqua-t-il à l'infirmière, j'aurais probablement tout oublié dans l'heure. Un sourire retroussa mes lèvres – il ne devrait pas en être si certain. D'autres personnes demandèrent à me voir, mais aucune ne fut en mesure de fournir des informations sur ma personne.

Midi sonna à l'horloge. Avec l'imminence de mon départ pour Blackwell's Island, je redoutais chaque nouvelle visite. Une infirmière me tendit enfin un châle, mon chapeau et mes gants. Ma fébrilité était telle que je dus déployer des trésors de concentration pour les mettre. Quand le gardien vint nous chercher, je fis mes adieux à Mary et glissai « que'que pennies » dans sa paume. « Dieu vous protège, mon petit, dit-elle. J'vais adresser une prière au Seigneur pour vous. Soyez courageuse. Z'êtes jeune, vous trouverez bien comment vous sortir de là. » Je répondis que je ne perdais pas espoir, puis saluai en espagnol Miss Scott. Le gardien m'empoigna et m'emmena, moitié en me traînant moitié en me poussant, jusqu'à l'ambulance. Un groupe d'étudiants en médecine observait notre manège avec intérêt. Je me couvris la tête avec le châle puis m'engouffrai dans la voiture. Miss Neville, Miss Mayard, Mrs Fox et enfin Mrs Schanz montèrent à leur tour, suivies d'un homme qui fit claquer la portière. Notre convoi put alors passer la grille de l'hôpital en grande pompe, direction la victoire ! Pas une ne chercha à s'enfuir. Sans doute l'haleine alcoolisée de notre gardien leur avait-elle coupé les jambes.

Lorsque nous atteignîmes le quai, la cohue fut telle qu'il fallut appeler la police pour disperser les curieux. Guidée par le gardien, je franchis la dernière la planche, titubant à cause des relents de whisky que la bise me soufflait au visage. Il me conduisit dans une cabine malpropre où je trouvai mes compagnes d'infortune tassées sur un petit banc. Les minuscules hublots étaient fermés et, avec la puanteur ambiante, on respirait à grand-peine. Je passai en me pinçant le nez devant une couchette à l'odeur pestilentielle. On y allongea une jeune fille malade. Une vieille femme, coiffée d'un énorme bonnet et portant un panier rempli de quignons de pain et de restes de viande, vint également s'ajouter à notre petit groupe. Deux femmes avaient été mandatées pour garder l'entrée. La première portait une simple robe de coutil, mais la seconde s'était visiblement pomponnée. Elles étaient trapues et sans beauté, crachant entre leurs dents du jus de tabac avec adresse, à défaut de grâce. L'une de ces horribles créatures pensait pouvoir nous soumettre à coup de regards tranchants car, lorsqu'une patiente se levait ou s'approchait d'un des hauts hublots, elle lui ordonnait de s'asseoir en fronçant les sourcils et en fixant sur elle un œil furibond. Depuis leur poste, elles bavardaient, d'une manière ni édifiante ni raffinée, avec les hommes qui s'affairaient sur le pont.

Le bateau fit un premier arrêt, et la vieille femme et la malade furent débarquées. On nous demanda de rester tranquilles. À l'arrêt suivant, nous mîmes pied à terre. Je gagnai le quai avec l'aide d'un homme et d'une femme et m'avançai vers l'ambulance où attendaient les quatre autres patientes.

« Où sommes-nous ? demandai-je à l'homme qui avait les doigts enfoncés dans la chair de mon bras.

– L'asile de fous de Blackwell's Island, votre dernière destination. »

Sur cette réponse, il me poussa dans l'ambulance puis releva le marchepied. Un policeman et un facteur sautèrent à l'arrière, et notre convoi s'ébranla.

8

À l'asile

À bord de l'ambulance qui longeait à toute allure les pelouses bien entretenues de l'asile, je savourai ma réussite un court instant, rapidement refroidie par les visages désemparés des autres patientes. Pauvres femmes, il était fort peu probable qu'elles retrouvent prochainement leur liberté. On les condamnait à la prison, peut-être même à vie, et pourtant elles ne s'étaient rendues coupables d'aucun délit. En comparaison, la potence me semble préférable à cet horrible tombeau ! Quand se profila l'imposant édifice de pierre, nous sûmes que nous vivions nos derniers instants de femmes libres. La voiture dépassa une bâtisse dans une telle puanteur que je dus retenir ma respiration. Je supposai qu'il s'agissait des cuisines – un pressentiment qui s'avéra par la suite. Je ne pus m'empêcher de sourire en lisant sur un écriteau planté au bout de l'allée : « Chemin interdit aux visiteurs ». À mon avis, un tel avertissement était vain. Aucun visiteur ne s'aventurerait plus loin, encore moins par temps chaud.

La voiture s'immobilisa. Le policeman et l'infirmière nous ordonnèrent de descendre. « Dieu merci, elles n'ont pas fait d'histoires », commenta cette dernière. Nous montâmes une volée de marches étroites, conçue à l'évidence pour des personnes qui gravissent quatre à quatre les escaliers. Je souhaitais m'assurer que mes compagnes savaient où nous étions, aussi me tournai-je vers Miss Tillie Mayard :

« Quel est ce lieu ?

– L'asile d'aliénées de Blackwell's Island, répondit-elle d'une voix éteinte.

– Êtes-vous folle ?

– Non. Mais, maintenant que nous sommes ici, nous devons être discrètes jusqu'à ce que nous trouvions un moyen de nous enfuir. Nos chances sont minces si, comme le Dr Field, les médecins refusent de me laisser leur prouver que j'ai toute ma tête. »

On nous fit entrer dans un vestibule exigu. J'avais foi en ma santé mentale et en mes chances de sortir très prochainement, pourtant mon cœur se serra lorsque la porte de l'asile se referma derrière nous. Imaginez un peu, vivre derrière les barreaux et les verrous impitoyables d'un asile, au milieu de démentes bruyantes et incontrôlables ! Dormir, manger à leurs côtés, être considérée comme une des leurs : ma position était difficilement tenable. Nous suivîmes craintivement l'infirmière à travers le hall jusqu'à un salon bondé de femmes. Certaines patientes se levèrent et nous invitèrent à nous asseoir. Elles nous regardaient comme des bêtes curieuses. L'une d'elles me prit à part :

« Qui vous a envoyée ici ?

– Les médecins, lui répondis-je.

– Pour quelles raisons ?

– Eh bien, ils me croient folle.

– Folle ! répéta-t-elle, incrédule. Ça ne se voit pas sur votre figure. »

Celle-ci est trop perspicace, songeai-je. Je fus soulagée lorsque l'infirmière ordonna à mes compagnes et à moi de la suivre jusqu'au bureau du médecin. Miss Grupe, c'était son nom, avait un joli minois d'Allemande et, si je n'avais observé une certaine dureté dans les plis de sa bouche, j'aurais pu, comme les autres, la croire remplie de bonnes intentions. Elle nous fit traverser une nouvelle fois le hall jusqu'à une petite salle d'attente, puis passa dans un bureau attenant à un salon qui servait aussi de parloir.

« J'aime bien ces sorties dans l'ambulance, l'entendis-je dire. Ça rompt un peu la monotonie des journées. » Son interlocuteur répondit que le plein air lui allait bien au teint, après quoi elle réapparut dans la salle d'attente, la bouche en cœur.

« Tillie Mayard, le Dr Kinier vous attend », dit-elle. Je n'assistai pas à la consultation, mais j'entendis Miss Mayard plaider sa cause avec douceur et fermeté. Ses explications étaient on ne peut plus claires. Il me sembla que tout médecin digne de ce nom ne pouvait être que touché par son récit. Elle fit part au Dr Kinier de sa récente maladie qui l'avait rendue neurasthénique, et le supplia de lui faire passer des tests qui prouveraient sa lucidité pour que justice soit rendue. Je compatissais tant à sa douleur ! Je résolus à cet instant de mettre ma mission au service de mes sœurs en souffrance, et de révéler les conditions parfaitement arbitraires de leur internement. Sans même un mot de sympathie ou d'encouragement, elle fut renvoyée dans la salle d'attente. Mrs Louise Schanz prit sa place.

« Votre nom ? » demanda le Dr Kinier d'une voix sonore. Elle lui répondit dans sa langue qu'elle ne parlait ni ne comprenait l'anglais. Cependant, quand il disait : « Mrs Louise Schanz ? » elle répondait : « *Ya, ya.* » Voyant qu'il n'y avait rien à faire, le médecin se tourna vers Miss Grupe : « Vous êtes allemande, vous, alors traduisez. »

Miss Grupe était de ces personnes qui ont honte de leurs origines. Elle refusa net, assurant qu'elle ne connaissait que deux ou trois mots de sa langue maternelle.

« Allons bon. Demandez-lui ce que fait son mari », et tous deux partirent d'un éclat de rire comme s'il s'agissait d'une bonne plaisanterie.

« Vraiment, je parle mal l'allemand », protesta-t-elle, mais au bout du compte elle réussit à apprendre le métier de Mr Schanz.

« Voyez, à quoi cela servait-il de mentir ? demanda le médecin, avec une gaieté qui dissimulait mal la grossièreté de son propos.

– Je ne peux rien faire de plus », répondit simplement l'infirmière, et elle tint parole.

Voilà toute l'attention qu'on voulut bien accorder à Mrs Louise Schanz. Une telle négligence est-elle pardonnable quand il est si facile d'obtenir les services d'un interprète ? S'il s'était agi d'une détention de quelques jours, cela n'aurait effectivement peut-être pas été nécessaire. Mais il était question d'une femme que l'on privait de sa liberté pour la jeter à l'asile, sans lui avoir donné la possibilité de se défendre ni lui avoir expliqué dans sa langue les raisons de cette sentence. Comparez sa situation à celle d'un criminel qui a toujours la possibilité de plaider son innocence. Ne préférerez-vous pas le sort du meurtrier, à qui il reste quelque espoir de vivre, à celui du fou, condamné à l'asile à perpétuité ? Mrs Schanz avait pourtant supplié qu'on lui dise où elle se trouvait et qu'on la laisse sortir. Elle quitta le bureau secouée par les sanglots, sans avoir été entendue.

Ce fut le tour de Mrs Fox puis de Miss Neville de subir cet interrogatoire dérisoire, avec la même peine à la clé : internées. J'étais la dernière à passer et, fidèle à ma stratégie, je décidai de ne pas dévoiler mon identité mais de me comporter normalement.

9

Un expert au travail

« Nellie Brown, le médecin veut vous voir », appela Miss Grupe. J'entrai à sa suite dans le bureau et m'assis en face du Dr Kinier.

« Comment vous appelez-vous ? demanda-t-il sans me jeter un regard.

– Nellie Brown, répondis-je avec assurance.

– Où habitez-vous ? poursuivit-il en notant ma réponse dans un grand cahier.

– À Cuba.

– Oh ! »

Il venait de comprendre à qui il avait affaire.

Se tournant vers l'infirmière :

« Avez-vous vu quelque chose à son propos dans les journaux ?

– Oui. Il y avait un long article dans le *Sun* de dimanche.

– Attendez-moi ici, je vais jeter un œil à son dossier. »

Lorsqu'il sortit de la pièce, j'ôtai châle et chapeau. À son retour, il indiqua à Miss Grupe qu'il n'avait pas réussi à mettre la main sur le journal, et lui raconta l'histoire de mes *débuts* telle qu'il l'avait lue.

« De quelle couleur sont ses yeux ? »

Miss Grupe affirma qu'ils étaient gris, bien que mon entourage se soit toujours accordé à dire qu'ils sont marron, noisette à la rigueur.

« Quel âge avez-vous ? » poursuivit le médecin. Je lui répondais que j'avais eu dix-neuf ans le mois dernier[1] lorsqu'il se tourna vers l'infirmière et lui demanda :

« Quand est votre prochaine perm' ? (Je supposai qu'il s'agissait d'un jour de congé.)

– Samedi prochain, répondit-elle en gloussant.

– Vous comptez aller faire un tour en ville ? »

Elle acquiesça, ce qui les rendit hilares. « Mesurez-la. » Miss Grupe me plaça sous la toise.

« Alors ? demanda le médecin.

– Vous savez bien que je ne sais pas, répondit l'infirmière.

– Allons bon. Quelle est sa taille ?

– Je vois des inscriptions, mais je ne sais pas.

– Allons, allons, dites-moi ce que vous lisez.

– Je ne sais pas, à la fin. Venez voir vous-même. »

Et ils partirent d'un nouvel éclat de rire quand le médecin vint la rejoindre.

« Vous voyez, un mètre soixante-cinq », dit-il en lui faisant toucher les chiffres des doigts.

À la tonalité de sa voix, je devinai que l'infirmière n'était pas plus avancée. Mais après tout ce n'était pas mon affaire et le médecin prenait

1. En réalité, Nellie Bly fêtait cette année-là ses vingt-trois ans. (*N.d.T.*)

beaucoup de plaisir à l'éclairer. Je montai ensuite sur la balance. Miss Grupe s'activa pour obtenir l'équilibre de la pesée.

« Alors, combien ? demanda le médecin qui avait regagné sa place.

– Je ne sais pas. Venez donc voir par vous-même », répondit-elle, en l'appelant par son prénom.

Il leva le visage et, en l'appelant à son tour par son prénom, lui lança : « Petite impertinente ! » avant de pouffer bruyamment. J'indiquai mon poids à l'infirmière – cinquante et un kilos – qui le répéta au médecin.

« À quelle heure prenez-vous votre déjeuner ? » lui demanda-t-il, à quoi elle s'empressa de répondre. Le Dr Kinier accordait davantage d'attention à Miss Grupe qu'à moi-même, lui posant six questions là où il ne m'en posait qu'une seule. Pourtant, une fois l'examen terminé, il coucha mon destin noir sur blanc dans son cahier. « Je ne suis pas malade, vous n'avez pas le droit de me garder ici », protestai-je. Indifférent, il mit le point final à notre entretien puis m'envoya rejoindre les autres.

« Vous jouez du piano ? me demandèrent mes compagnes une fois que nous fûmes retournées au salon.

– Oui, depuis mon plus jeune âge », répondis-je.

Elles me prièrent de leur jouer un morceau en me juchant sur le tabouret d'un antique piano rectangulaire. Je pianotai quelques notes, mais les sons qui sortirent de l'instrument m'arrachèrent une grimace.

« Quelle horreur ! m'exclamai-je en me tournant

vers Miss McCarten, l'infirmière qui se tenait à mon côté. Je n'ai jamais entendu un piano aussi désaccordé.

– Pauvre petite chose, répliqua-t-elle avec dédain. Il faudra qu'on en commande un autre rien que pour vous. »

Toutes les discussions cessèrent quand je commençai à jouer « Home Sweet Home ». Mes doigts engourdis se déplaçaient pourtant avec raideur au-dessus du clavier et je terminai ma prestation par un accord hasardeux. Je fis la sourde oreille quand on m'encouragea à poursuivre, préférant étudier mon environnement.

C'était une pièce tout en longueur, meublée simplement de bancs à dossiers jaunes rangés le long des murs. Ces bancs inconfortables pouvaient chacun accueillir jusqu'à cinq femmes, mais presque tous supportaient le poids d'une personne supplémentaire. Placées à un mètre cinquante du sol, des fenêtres garnies de barreaux faisaient face aux deux portes à doubles battants qui ouvraient sur le hall. Trois lithographies, un portrait de Fritz Emmet[1] et deux illustrations de *minstrel show*[2], soulageaient les murs blancs de leur nudité. Au centre de la pièce, les infirmières siégeaient autour d'une grande table

1. Joseph K. « Fritz » Emmet (1841-1891) est un chanteur et acteur de théâtre qui a atteint une certaine célébrité à la fin du XIXe siècle. (*N.d.T.*)

2. Les *minstrel shows* sont des spectacles de variété très en vogue au XIXe siècle dans lesquels des personnages noirs, d'abord interprétés par des acteurs blancs aux visages noircis puis par des Noirs, dansent, chantent et jouent la comédie. (*N.d.T.*)

recouverte d'un couvre-lit. Il y avait un air de propreté dans chaque chose ; je songeai que ces infirmières devaient beaucoup aimer leur travail pour être si méticuleuses. Quelle naïveté ! Miss McCarten s'approcha de moi et m'ordonna de me lever, avant de refermer brutalement le couvercle du piano.

« Brown, approchez-vous, m'ordonna à son tour une infirmière à face rubiconde qui était assise à la table. Qu'est-ce que vous avez sur le dos ?

– Mes vêtements », répondis-je simplement.

Elle souleva ma robe et mon jupon, puis nota dans son carnet : une paire de chaussures, une paire de bas, une robe, un chapeau de paille, etc.

10

Premier repas

À la fin de cet inventaire, quelqu'un cria : « Tout le monde dans le hall ! » Une patiente m'expliqua que le dîner allait être servi. Je rejoignis avec mes compagnes le reste des femmes agglutinées devant l'une des portes du hall. Nous gelions littéralement sur place ! Le vent sifflant qui entrait par les fenêtres ouvertes nous bleuissait le visage. Au bout d'un quart d'heure, une infirmière vint ouvrir la porte. Nous nous y engouffrâmes pour nous retrouver au pied d'un escalier. Là encore, il fallut patienter un long moment devant une fenêtre ouverte.

« Ces infirmières sont imprudentes de laisser des femmes si peu vêtues attendre comme ça dans le froid », observa Miss Neville.

Je jetai un regard aux créatures toutes grelottantes et ajoutai d'un ton catégorique : « C'est d'une brutalité sans nom. » L'effrayant spectacle qui s'offrait à nos regards me coupa l'appétit. Certaines tenaient des propos incohérents, d'autres passaient du rire aux larmes sans raison, et une vieille femme aux cheveux gris me donnait des petits coups de coude, me conseillant, avec force clins d'œil, hochements de tête, haussements de sourcils et mouvements des mains, de ne pas m'occuper des pauvres folles. Nous reçûmes enfin l'ordre de nous avancer jusqu'au radiateur où nous nous rangeâmes deux par deux. « Mary, trouve-toi quelqu'un avec qui te mettre », « Combien de fois faut-il que je vous répète de vous mettre en rang ? » « Et cessez de vous agiter ». La litanie des ordres se poursuivit, interrompue de temps à autre par une bourrade ou une gifle administrée sur l'oreille d'une patiente. Après cette troisième et dernière halte, nous pénétrâmes dans un réfectoire rectangulaire.

Occupant toute la longueur de la salle, la table n'avait rien d'engageant. Des bancs sans dossier furent placés de part et d'autre, nous laissant peu d'espace pour nous installer. De grands bols remplis d'un liquide rosâtre – du thé, m'apprirent les patientes – avaient été disposés à intervalles réguliers. À côté de chacun, il y avait une épaisse tranche de pain recouverte d'une pellicule de beurre, ainsi que cinq pruneaux dans une soucoupe. Une grosse femme se rua pour vider le contenu de plusieurs soucoupes dans la sienne. Ensuite, tout en protégeant son propre bol, elle but d'un seul trait celui d'une de ses voisines, puis d'une autre en moins de temps qu'il ne m'en faut pour le dire. Ce larcin m'avait tant amusée que, lorsque je baissai enfin les yeux sur mon repas, ma voisine d'en face s'empara de ma tranche de pain pour y mordre à pleines dents.

Une patiente m'offrit la sienne, mais je refusai poliment et en réclamai une à l'infirmière. Celle-ci lança une tranche épaisse sur la table, en remarquant qu'à défaut de mémoire il me restait de l'appétit. Je croquai dedans. Mal m'en prit, je mets quiconque au défi de manger ce beurre. Une jeune fille aux yeux bleus et à l'accent allemand me dit que le beurre les rebutait presque toutes, et me suggéra de demander une simple tranche de pain. Je concentrai mes efforts sur les pruneaux, mais ne pus en manger plus de deux. Une patiente voulut les trois derniers, je les lui offris de bon cœur. Mon bol de thé était tout ce qu'il me restait. Il me suffit d'y tremper les lèvres pour me faire une idée. Aussi insipide que de l'eau, avec un petit goût de métal. À son tour, il fit le bonheur d'une patiente affamée, malgré les protestations de Miss Neville.

« Vous devez vous forcer, sinon vous allez tomber malade. Et qui sait, dans un endroit pareil, vous finirez peut-être par perdre la raison. Pour garder la tête sur les épaules, il faut avoir l'estomac bien rempli.

– Je n'y arrive tout simplement pas », répondis-je.

Malgré ses encouragements, je ne pus en effet rien avaler ce soir-là.

Après le repas – englouti par les autres patientes en un rien de temps –, on nous ordonna de nous mettre en rang. La porte put alors être déverrouillée et nous retournâmes au salon. Plusieurs patientes s'étaient rassemblées autour des nouvelles venues. Certaines me pressèrent de me remettre au piano, et les infirmières firent bientôt écho. J'acceptai pour leur faire plaisir, proposant à Miss Tillie Mayard de m'accompagner. Elle souhaitait chanter « Rock-a-bye Baby », ce qu'elle fit à merveille.

11

Le bain

Quelques chansons plus tard, nous suivîmes Miss Grupe jusque dans une salle de bains froide et humide où je reçus l'ordre de me dévêtir. Ai-je protesté ? Eh bien, je dois dire que je n'ai jamais déployé autant d'énergie pour me soustraire à une obligation. Les infirmières menacèrent d'employer la manière forte si je n'obéissais pas. Je remarquai alors qu'une des patientes les plus atteintes de l'asile se tenait près de la baignoire, un linge délavé dans la main, pérorant pour elle-même avec un petit rire diabolique. Un frisson de terreur me parcourut lorsque je compris ce qui allait se passer. Les infirmières finirent par me retirer mes vêtements l'un après l'autre. Quand il ne me resta sur le dos qu'un seul de mes dessous, je déclarai, non sans véhémence : « Celui-là, je le garde. » Vaine tentative de ma part. Je jetai un regard à mes compagnes qui se tenaient à la porte, avant de sauter dans la baignoire avec plus d'énergie que de grâce.

L'eau était glaciale. J'insistai pour qu'on me laisse sortir, suppliai qu'au moins les autres patientes s'en aillent. Peine perdue ! Je fus forcée au silence pendant que la démente me récurait, je ne trouve pas de terme plus approprié. Après avoir pris un peu de savon dans une coupelle en étain, elle me frotta tout le corps, y compris le visage et les cheveux, bien que j'eusse insisté pour qu'elle épargne ma coiffure. À ce stade de l'opération, j'étais incapable de voir ni de dire quoi que ce soit. Frotte, frotte, frotte, chantonnait la vieille femme. Je claquais des dents sous l'effet du froid. J'eus droit à trois seaux d'eau déversés coup sur coup sur ma tête – le liquide m'emplit le nez, la bouche, m'aveugla. Je ressentis probablement ce qu'éprouve une personne qui se noie lorsque les infirmières me sortirent de la baignoire, suffoquant et tremblant de tous mes membres. Pour la première fois, je devais avoir vraiment l'air d'une folle ! Témoins de mon calvaire, mes voisines affichaient un air effaré ; elles savaient à présent ce qui les attendait. À l'idée du grotesque spectacle que je leur offrais, j'éclatai d'un rire sonore. Sans m'avoir donné le temps de me sécher, les infirmières me firent enfiler une combinaison de flanelle au bas de laquelle était brodé en grandes lettres noires : « Asile d'aliénées B I, H 6 » pour Blackwell's Island, Hall n° 6.

C'était au tour de Miss Mayard d'être nue. Malgré ma répugnance, j'aurais supporté un deuxième bain si cela avait pu lui épargner pareille épreuve. Pensez donc, plonger une pauvre fille malade dans cette eau glacée qui, en dépit de ma vigueur, m'avait fait grelotter comme si j'étais fiévreuse. D'une voix implorante, elle répéta à Miss Grupe qu'elle souffrait de maux de tête suite à sa récente maladie. Ses cheveux étant encore courts, presque inexistants à certains endroits, elle pria la folle de frotter moins fort, mais Miss Grupe l'interrompit : « Vous n'avez pas à avoir peur. Et si vous ne vous taisez pas, je vous donnerai une bonne raison de vous plaindre. » Ce fut la dernière fois que je vis Miss Mayard ce soir-là.

Je fus conduite en hâte dans un dortoir de six lits. Je m'allongeai dans celui qu'on m'avait indiqué, mais une infirmière m'en fit déguerpir en lançant : « Nellie Brown fait trop de bruit, elle dormira seule cette nuit. »

Elle m'emmena chambre 28. Une fois seule, j'essayai ma nouvelle couche. C'était une chose impossible, en vérité. Le matelas était comme surélevé en son centre et incliné sur les côtés. En plus de quoi, ma peau et mes cheveux humides avaient trempé draps et oreiller. Quand Miss Grupe vint me voir, je réclamai une chemise de nuit.

« Nous n'avons pas ce genre de chose, dit-elle.

– Je n'aime pas dormir sans.

– Ça m'est égal. Vous êtes dans une institution publique, il va falloir vous y faire. Vous devriez vous estimer heureuse de ce que la charité vous offre.

– La ville paye pour entretenir ce lieu, et pour que les personnes qui y travaillent nous traitent avec bonté, rétorquai-je.

– Inutile d'espérer. Ici, personne ne vous traitera avec bonté », martela-t-elle avant de tourner les talons.

J'étais coincée entre le drap qui recouvrait le morceau de toile cirée sur le matelas et celui sous la couverture de laine. Il n'y avait rien de plus agaçant que cette couverture dans laquelle j'essayais de m'emmitoufler. Lorsque je la tirais vers mon visage, mes pieds étaient exposés au froid, et, lorsque je la tirais vers le bas, c'était au tour de mes épaules d'être découvertes. Mis à part ce méchant lit, la pièce était absolument vide. Comme Miss Grupe avait fermé la porte à double tour, je pensais rester seule pour la nuit. Mais j'entendis bientôt deux femmes qui traversaient le hall, dans un vacarme de portes qui s'ouvrent et se ferment. La discrétion était visiblement le moindre de leurs soucis. Les pas s'approchèrent ; on introduisit une clé dans la serrure. Je jetai un œil par-dessus ma couverture. Elles apparurent, vêtues de robes à rayures marron et blanches retenues par une rangée de boutons de cuivre, la taille ceinte d'un gros-grain vert auquel pendait un énorme trousseau de clés. Un large tablier et une coiffe blanche complétaient cet uniforme, en tout point identique à celui de nos surveillantes de jour. L'une d'elles braqua une lanterne sur mon visage en disant :

« Voici Nellie Brown.

– Qui êtes-vous ? demandai-je.

– L'infirmière de nuit, ma chère », répondit-elle.

Puis elle me souhaita une bonne nuit et sortit avec sa consœur en prenant soin de fermer à clé la porte derrière elles. Elles revinrent à plusieurs reprises pendant la nuit.

Incapable de trouver le sommeil, je me figurai avec horreur ce qu'il se passerait en cas d'incendie. À coup sûr, les portes solidement fermées et les fenêtres garnies de barreaux condamneraient les patientes à périr dans leur chambre. Le Dr Ingram, adjoint de Mr Dent, l'administrateur de l'asile, m'a semble-t-il indiqué que ce seul bâtiment abrite quelque trois cents femmes, réunies en chambrées d'une à dix personnes. Impossible de s'en échapper, à moins qu'on ne leur ouvre la porte de l'extérieur. Un incendie n'est pas à exclure, c'est même chose fréquente. Étant donné les mauvais traitements infligés aux patientes – dont j'aurai à parler bientôt –, il est probable que les gardiens et les infirmières prendraient leurs jambes à leur cou s'il y avait le feu. Et les patientes qui auraient la vie sauve se compteraient sur les doigts d'une main. Quant aux autres, il ne leur resterait qu'à rôtir jusqu'à ce que mort s'ensuive. Même si les infirmières étaient bienveillantes, ce qu'elles ne sont pas, braver les flammes au péril de sa vie pour libérer plusieurs centaines d'aliénées requiert une présence d'esprit qui leur fait bien souvent défaut. Si rien ne change, un drame sans précédent semble inévitable.

Avant de quitter l'asile, j'ai eu à ce sujet une discussion plutôt cocasse avec le Dr Ingram.

« Les infirmières ouvriront les portes, dit-il après que je lui fis part de mes craintes.

– Vous savez tout comme moi qu'elles s'enfuiraient, et que les patientes brûleraient vives. »

Il demeura silencieux sur sa chaise, incapable de me contredire.

« Pourquoi ne faites-vous rien pour résoudre ce problème ? demandai-je.

– Qu'y puis-je ? Je me suis creusé la tête, j'ai

proposé des solutions, mais à quoi bon ? Et vous, que suggérez-vous ? »

C'est à une folle qu'il posait la question !

« Eh bien, j'exigerais que soient installés ces verrous qui, comme je l'ai vu en certains lieux, sont actionnés grâce à une manivelle située au bout du couloir. Il y aurait alors une chance de s'échapper. Tant que les portes des chambres seront munies de serrures individuelles, il n'y en aura aucune. »

Le Dr Ingram me dévisagea et son front s'obscurcit :

« Nellie Brown, avez-vous fait de la prison avant d'être internée dans cet asile ?

– Bien sûr que non. Je n'ai été enfermée dans aucune institution, mis à part le pensionnat.

– Dans ce cas, où avez-vous vu ce type de verrous ? »

Pour dire vrai, dans le nouveau pénitencier de Pittsburg en Pennsylvanie, mais je me gardai bien de lui en souffler mot. Je répondis simplement :

« Oh, j'en ai vu dans un endroit où j'ai été en visite.

– À ma connaissance, il n'y a que Sing Sing qui est doté d'un tel système », dit-il.

Cela se tenait parfaitement. Je ris de bon cœur et lui assurai que je n'avais encore jamais mis les pieds dans cette prison.

Je ne pus m'endormir qu'au petit matin. Bien trop court répit avant que l'on me tire brutalement du sommeil, ouvre la fenêtre de la chambre et me crie de me déshabiller. J'avais encore les cheveux humides et étais toute courbatue, comme percluse de rhumatismes. On me jeta des vêtements au sol, avec ordre de les mettre. Pourquoi ne me rendait-on pas les miens ? demandai-je. L'infirmière en chef, une certaine Miss Grady, me conseilla de ne pas faire d'histoires. J'étudiai ma nouvelle tenue : un jupon de coton gris et une robe de mauvais calicot blanc ornée d'une belle tache noire. Je nouai les cordons du jupon autour de ma taille et enfilai la robe, une simple blouse ajustée cousue sur une jupe droite, semblable à celles que portaient les patientes. En boutonnant le haut, je remarquai que le jupon dépassait de quinze bons centimètres. Je restai un moment sur le lit à rire de mon accoutrement. Aucune femme n'a souhaité autant se voir dans un miroir que moi à ce moment-là.

Je me mêlai sans plus attendre aux autres dans le hall car je ne voulais rien manquer de ce qui se passait. Les quarante-cinq femmes du Hall n° 6 se dirigèrent vers la salle de bains où deux rugueuses serviettes furent mises à leur disposition. Des patientes folles aux visages dévorés par de terribles éruptions cutanées se séchèrent puis tendirent les misérables linges à des femmes à la peau saine. Je me lavai le visage au robinet de la baignoire, et mon seul jupon fit office de serviette.

Je n'avais pas terminé ma mince toilette quand un banc fut apporté dans la pièce. Miss Grupe et Miss McCarten apparurent avec six peignes dans les mains. Après nous avoir ordonné de nous asseoir, elles entreprirent à elles deux de peigner à la suite les cheveux de toutes ces femmes, avec l'aide d'une seule patiente. Je n'avais pas été préparée à voir l'état de toutes ces têtes. Miss Tillie Mayard possédait son propre peigne, mais il lui fut confisqué par Miss Grady. Quel martyre ! Je n'avais jusqu'ici pas complètement saisi le sens de l'expression « se mettre un coup de peigne », mais dès lors ce fut chose faite. À grands coups de démêloir, mes cheveux encore humides de la veille furent tirés de tous les côtés. Je protestai en vain, puis je serrai les dents et souffris en silence. Refusant de me rendre mes épingles à cheveux, une des infirmières me fit une tresse qu'elle noua avec une bande de tissu rouge. Ma frange frisée refusait d'être plaquée en arrière, il me restait au moins ça de ma gloire passée.

Nous nous rendîmes au salon où je cherchai du regard mes compagnes. Je fus d'abord incapable de les distinguer des autres, mais au bout d'un moment je reconnus Miss Mayard à ses cheveux courts.

« Avez-vous pu dormir après votre bain ?

– J'avais les os glacés, et impossible de fermer l'œil avec tout ce bruit. C'était horrible ! J'ai déjà les nerfs fragiles et je crains de ne pas supporter toute cette tension. »

Je m'efforçai de la mettre dans de meilleures dispositions, puis réclamai plus de vêtements, au moins autant que ce qu'exigeait la décence. Mais on me rabroua, on estimait qu'on nous avait déjà donné bien assez.

Réveillées à cinq heures trente, nous dûmes nous rassembler dans le hall à sept heures quinze, où, comme de coutume, nous patientâmes un long moment avant de pouvoir entrer dans le réfectoire.

Un bol de thé froid nous y attendait, ainsi qu'une tranche de pain beurrée et un peu de porridge mélangé à de la mélasse. Bien qu'affamée, je ne pus rien avaler. Je demandai cette fois une simple tranche de pain. Je reçus un morceau grisâtre, dur à s'y casser les dents. À certains endroits, la mie n'était que pâte séchée. J'y délogeai une araignée, ce qui m'en détourna définitivement. Je goûtai du bout des lèvres l'infect porridge et eus toutes les peines du monde à boire mon thé.

De retour au salon, plusieurs femmes reçurent l'ordre d'aller faire les lits, la vaisselle ou le ménage dans le hall. Et moi qui avais toujours cru que les employées dévouées de l'asile gardaient les lieux bien tenus pour les patientes ! Ce sont en fait les internées elles-mêmes qui sont en charge de la propreté des lieux – jusqu'aux chambres et au linge des infirmières.

Aux alentours de neuf heures trente, j'allai avec les quatre autres nouvelles patientes voir le docteur. Le jeune médecin enjôleur de notre premier jour ausculta cette fois-ci mon cœur et mes poumons. Après avoir répondu à ses questions, je retournai au salon. J'y trouvai Miss Grady, tenant mon carnet et mon crayon à papier tout neuf dans ses mains.

« Rendez-les-moi, j'en ai besoin pour me souvenir des choses ! » m'exclamai-je, soucieuse de les récupérer afin de prendre des notes. Mais, à mon grand désarroi, elle répondit : « Taisez-vous, vous n'êtes pas autorisée à les garder. »

Quelques jours plus tard, je suppliai le Dr Ingram de me laisser les récupérer, ce à quoi il promit de réfléchir. Quand j'y fis à nouveau allusion, il m'indiqua que Miss Grady lui avait dit m'avoir confisqué un carnet, mais point de crayon. Alors que je m'indignai de ce mensonge éhonté, il me conseilla de ne pas me laisser abuser par mon propre cerveau.

Une fois les tâches ménagères accomplies, et comme c'était une belle journée, quoique fraîche, on nous annonça que nous partions en promenade. Pauvres âmes ! Elles ne désiraient rien tant que ce bol d'air pur et s'échapper, ne fût-ce que quelques minutes, de leur prison. Elles se précipitèrent dans le vestibule et se bousculèrent pour récupérer châles et chapeaux. Quels chapeaux !

12

Promenade avec les folles

Jamais je n'oublierai cette première sortie. Avec leur chapeau de paille blanc, semblable à ceux que portent les baigneurs de Coney Island, les patientes avaient vraiment un drôle d'air. Impossible de distinguer une femme d'une autre ! Je perdis de vue Miss Neville, et dus me décoiffer pour partir à sa recherche. Lorsque je tombai nez à nez avec elle, nous remîmes nos chapeaux et nous esclaffâmes devant notre accoutrement. Une fois rangées deux par deux, nous gagnâmes l'extérieur sous l'œil vigilant des infirmières.

Nous avions à peine fait quelques pas que de longues files humaines encadrées par des surveillantes envahirent les allées. Des femmes et des femmes ! Elles affluaient de tous les côtés, avec leurs robes étranges, leurs grotesques chapeaux et leurs châles, avançant comme au ralenti. L'intérêt qu'elles suscitèrent laissa bientôt place à un vif effroi. C'était partout des regards vides, des visages hébétés et des bouches d'où s'échappaient d'absurdes litanies. Un premier groupe passa devant nous, noir de crasse et jetant des odeurs fétides.

« Qui sont ces femmes ? interrogeai-je une patiente à côté de moi.

– Les folles les plus violentes de l'île. Elles sont à la Loge, le premier bâtiment avec les hautes marches. »

Certaines poussaient des hurlements, d'autres lâchaient des bordées de jurons, d'autres encore chantaient à tue-tête, priaient ou prêchaient, comme l'envie leur en prenait, donnant à voir les spécimens humains les plus misérables. Tandis que leur bourdonnement s'éteignait dans la distance, un phénomène des plus singuliers se produisit.

Cinquante-deux femmes s'avancèrent. Au ceinturon de cuir qui leur enserrait la taille était nouée une corde reliée à une charrette. À son bord, une infirmière pansait le pied d'une patiente. « Vous m'avez battue, pour sûr, je ne l'oublierai pas. Vous voulez me tuer », s'égosillait cette dernière. Puis elle éclata en sanglots. Les « encordées », comme on les surnommait, étaient tout entières à leur folie. Une femme au regard bleu qui m'avait surprise en train de l'observer se contorsionna et me maudit avec un sourire terrifiant qui révélait la pire des démences. Le diagnostic était sans appel. Pour qui n'a jamais vu un fou de près, l'horreur de ce spectacle échappe à tout entendement.

« Que Dieu leur vienne en aide ! souffla Miss Neville. Elles me font trop peur, je ne peux pas les regarder. »

Elles disparurent à leur tour, mais d'autres arrivèrent, toujours plus nombreuses. Comment imaginer pareil tableau… D'après un médecin de l'asile, mille six cents personnes sont enfermées sur Blackwell's Island.

Folle ! Existe-t-il une chose plus horrible ? Mon cœur se serra à la vue d'une vieille femme aux cheveux gris qui discourait devant nul autre interlocuteur que le néant. Prisonnière d'une camisole de force, une autre se laissait traîner par deux patientes. Estropiée, aveugle, jeune ou décrépite, laide ou belle : le plus absurde des échantillons humains, le plus ignoble des destins.

Je contemplai les belles pelouses, dont j'avais cru un temps qu'elles réconfortaient les pauvres créatures de l'île. Sottise ! Quel plaisir pouvaient-elles en tirer ? Seulement celui des yeux, car il leur est interdit de marcher dessus. Je surpris des patientes à ramasser d'un geste tendre une noisette ou une feuille dorée tombées dans l'allée. Mais elles n'avaient pas le droit de garder ces petits miracles de Dieu, les infirmières leur commandant toujours de les laisser derrière elles.

Je lus sur l'un des murs du pavillon abritant les folles les plus atteintes : « Tant qu'il y a de la vie, il y a de l'espoir. » L'absurdité de ce message était trop cruelle. « Vous qui entrez ici, abandonnez toute espérance », voilà des mots qu'il aurait davantage convenu de tracer au-dessus des grilles de l'asile.

Pendant la promenade, plusieurs infirmières qui avaient eu vent de mon histoire rocambolesque demandèrent à leurs consœurs qui j'étais. On me pointa du doigt à de nombreuses reprises.

Ce fut bientôt l'heure du déjeuner, j'avais si faim que j'aurais pu avaler n'importe quoi. Le bol dans lequel nous avions bu le thé était maintenant rempli de soupe, et notre assiette contenait une pomme de terre bouillie et un morceau de bœuf, gâté par endroits. N'ayant ni couteau ni fourchette à leur disposition, les patientes les portaient sauvagement à la bouche avec leurs doigts. Comble d'infortune, celles qui avaient les dents abîmées ne pouvaient tout bonnement pas les mâcher. On nous distribua une cuillère pour la soupe, ainsi qu'un morceau de pain pour accompagner le plat principal. Miss Mayard avait perdu tout appétit. Elle n'était pas la seule : de nombreuses patientes, tout à fait folles pour leur part, se détournaient de leur assiette. Je savais que le manque de nourriture risquait de m'affaiblir, aussi tentai-je de manger au moins le pain. Après les premières bouchées, ma faim redoubla et je le dévorai en évitant la croûte.

Mr Dent, l'administrateur de l'asile, traversa le réfectoire en lançant au hasard et d'une voix aussi peu chaleureuse que le hall : « Comment allez-vous ? » « Comment vous sentez-vous aujourd'hui ? » Aucune patiente ne semblait vouloir lui présenter ses doléances. J'encourageai certaines à lui dire qu'elles avaient besoin d'être plus chaudement couvertes, mais elles craignaient trop les coups des infirmières pour s'aventurer sur ce terrain.

Je ne connais rien de plus inconfortable que les bancs de ce réfectoire. Quand une patiente levait une jambe ou s'asseyait de travers pour changer de position, on lui commandait de se tenir droite. Si elle voulait discuter avec sa voisine ou faire quelques pas pour se dégourdir, on la rappelait immanquablement à l'ordre. Mis à part la torture, quel autre traitement vous conduirait plus vite à la folie ? Ces femmes sont envoyées dans cet endroit afin d'être guéries. Je conseille à ces mêmes experts qui m'ont envoyée à l'asile – une décision qui a prouvé leur valeur – d'enfermer n'importe quelle femme en bonne santé et saine d'esprit, de la forcer à rester assise sur des bancs à dossier droit de six heures du matin à huit heures du soir, de la priver de lecture et d'accès au monde extérieur, de lui donner pour toute récompense des coups et une nourriture infecte, et de voir combien de temps cela prendra pour qu'elle devienne folle. Deux mois de ces mauvais traitements suffiraient à la transformer en loque humaine.

Je viens de vous décrire mon premier jour à l'asile. Les neuf autres s'étant déroulés d'une manière semblable, il serait pénible de vous faire un compte rendu détaillé de chacun. En relatant ces faits, je m'expose aux critiques des principaux concernés. Je décris pourtant sans exagération aucune l'ordinaire de la vie à l'asile, tel que je l'ai vécu pendant dix jours. La nourriture était sans doute ce qu'il y avait de pire. À l'exception des deux premiers jours de mon séjour, elle n'était pas du tout assaisonnée. La soupe et la viande étaient relevées à l'aide de moutarde ou de vinaigre, qui ne faisaient qu'empirer leur goût. Malgré tout, il n'en restait rien au bout de deux jours, et les patientes devaient alors ingurgiter du poisson tout juste bouilli, sans sel ni poivre ni beurre, ou bien du bœuf, du mouton et des pommes de terre insipides. Les plus folles refusaient tout bonnement de s'alimenter mais, plutôt que d'avoir à subir de nouvelles brimades, elles préféraient encore se laisser amadouer par les infirmières. Durant nos courtes promenades, nous passions devant les cuisines des employés de l'asile. Nous entrapercevions des melons, de belles grappes de raisin et bien d'autres fruits encore, d'alléchantes miches de pain et toutes sortes de viandes appétissantes. Notre faim en était décuplée. J'eus beau me plaindre auprès des médecins, à mon départ de l'asile, les repas manquaient toujours cruellement de sel.

Mon cœur s'indignait lorsque je voyais des patientes dont l'état s'empirait à cause de la nourriture. Lors d'un repas, Miss Tillie Mayard dut sortir précipitamment du réfectoire après être venue à bout d'une simple bouchée. Si une patiente osait se plaindre, on lui répondait qu'elle ne serait pas mieux chez elle et que c'était toujours assez bon pour des femmes vivant de la charité.

Une jeune femme allemande refusa de s'alimenter plusieurs jours de suite ; un matin elle manqua à l'appel. En écoutant les conversations des infirmières, j'appris qu'elle souffrait d'une violente fièvre. La malheureuse ! Elle m'avait confié qu'elle appelait la mort chaque nuit. Des infirmières chargèrent une patiente de lui apporter cette même nourriture que ne pouvaient avaler les bien portantes. Est-ce là une façon de soigner une malade ? Sans surprise, elle n'y toucha point. L'infirmière Miss McCarten lui prit sa température, mais quand elle revint son rapport indiquait 65,5 °C. En me voyant sourire,

Miss Grupe voulut savoir à combien ma température était déjà montée. Comme je refusais de répondre, Miss Grady mit ses compétences à l'épreuve. À son retour, son rapport indiquait 37,2 °C.

Miss Tillie Mayard souffrait plus qu'aucune autre du froid, elle gardait pourtant courage comme je le lui avais conseillé. Mr Dent me présenta un jour un homme qui prit mon pouls, examina mon visage et ma langue. Je leur assurai que je n'avais pas besoin de soins, contrairement à Miss Mayard, dont le cas aurait davantage dû les préoccuper. Je fus contente de voir mon amie s'avancer vers eux. Elle leur confirma sa maladie, mais les deux hommes firent la sourde oreille. Les infirmières la reconduisirent de force jusqu'au banc et, quand les médecins furent partis, lui déclarèrent : « Quand vous aurez compris que les médecins se fichent de vous, vous arrêterez de leur courir après. » Avant leur départ, le médecin avait dit – je ne me souviens pas des termes exacts – que mon pouls et mon regard n'étaient pas ceux d'une personne démente, mais Mr Dent lui assura que la spécificité de mon cas ne se prêtait pas à ce type de diagnostic. Son collègue affirma également que j'avais l'air trop intelligente pour être folle.

Toute la nuit, une femme se plaignit du froid en gémissant et pria Dieu de la rappeler auprès de lui. Une autre encore hurlait régulièrement : « Assassin ! » ou : « Police ! », me donnant la chair de poule.

Le deuxième jour, après la routine matinale,

deux infirmières amenèrent avec l'aide de patientes la femme qui avait appelé Dieu toute la nuit. En la voyant, je compris pourquoi. Elle devait avoir dans les soixante-dix ans et était aveugle. Il régnait un froid glacial dans toutes les pièces, pourtant cette vieille femme n'était pas plus couverte que le reste d'entre nous. Quand elle fut assise sur l'un des bancs durs du salon, elle s'écria : « Pourquoi vous me traitez comme ça ? J'ai si froid. Pourquoi je ne peux pas rester dans mon lit, avec un châle sur les épaules ? » Puis elle se leva et essaya péniblement de quitter le salon. On la forçait à rester sur le banc, mais elle se relevait et se heurtait une nouvelle fois aux meubles, s'attirant les moqueries des infirmières. Une fois, elle se plaignit que les godillots, que fournissaient les œuvres de bienfaisance à l'asile, lui faisaient mal aux pieds, et elle les enleva. L'infirmière ordonna à deux patientes de les lui remettre et, après qu'elle se fut débattue vivement pour les en empêcher, il ne fallut pas moins de sept personnes pour lui enfiler correctement ses chaussures. La vieille femme voulut s'allonger sur le banc, mais on la força à se redresser. Quel crève-cœur que de l'entendre gémir « Donnez-moi un oreiller et une couverture, j'ai trop froid ! »

Miss Grupe s'assit alors sur l'infortunée et plaqua ses mains glacées sur son visage et sous le col de sa robe. Aux pleurs de la vieille femme elle répondit par un rire cruel, imitée par les infirmières, et répéta son geste infâme. Ce jour-là, la vieille femme fut transférée dans un autre pavillon.

13

Brimades en tout genre

Personne ne peut se douter à quel point ce sont de longues et lentes heures que celles que l'on passe à l'asile. Les patientes accueillent avec joie tout événement susceptible de nourrir les bavardages ou de les distraire un peu. Il n'y a pas de livres, et les internées discutent essentiellement entre elles des délicieux repas qu'elles feront à leur sortie. Je savais qu'elles avaient le ventre vide, aussi ces échanges m'attristaient-ils plus qu'autre chose. Une fois leur sujet préféré épuisé, elles évoquaient la direction de l'asile. La condamnation des infirmières et de la nourriture était unanime et sans appel.

Un matin, Miss Tillie Mayard prit place à côté de moi sur le banc, le visage blême. Elle tremblait de tous ses membres et claquait des dents. J'interpellai trois infirmières chaudement vêtues, assises à la table du salon : « Vous devriez avoir honte d'enfermer des femmes pour les laisser ensuite mourir de froid. » Elles répliquèrent que tout le monde était logé à la même enseigne et que Miss Mayard n'aurait aucun traitement de faveur. C'est alors que mon amie perdit connaissance. Les patientes prirent peur, mais Miss Neville se précipita pour la soutenir. Les infirmières lui lancèrent : « Laissez-la par terre, ça lui apprendra à faire des façons. » Miss Neville s'indignait avec force de leurs manières d'agir lorsque je reçus l'ordre de me rendre immédiatement dans le bureau du médecin.

Mr Dent apparut sur le seuil au moment même où je traversais le hall. Je dus lui sembler incohérente, car sans même le saluer j'évoquai dans un désordre absolu la nourriture, la cruauté des infirmières, leur refus de nous donner plus de vêtements et l'état alarmant de Miss Mayard. Je le rassurai sur ma santé et le pressai d'aller la voir sans attendre. Comme me l'apprit Miss Neville par la suite, Mr Dent se pencha sur elle et maintint une forte pression entre ses yeux jusqu'à ce que le sang circule de nouveau normalement. Ce fut radical, elle revint à elle, mais souffrit toute la journée d'une terrible migraine. À partir de ce jour, son état ne cessa d'empirer.

Folle ? Oui, Miss Mayard était en train de le devenir. Impuissante face à la lente déchéance de cet esprit sain, je ne cessais de maudire médecins, infirmières et institutions publiques. Certains objecteront que la folie avait commencé son œuvre avant son internement. Fort bien. Mais, dans ce cas, cet asile avec ses sévices quotidiens était-il le traitement le plus approprié à sa nature ?

Ce matin-là, je me plaignis longuement auprès du Dr Ingram, un homme entièrement dévoué aux malades. Il convoqua Miss Grady et lui ordonna de distribuer des vêtements chauds aux patientes. Lorsque nous fûmes seules, l'infirmière me menaça de me régler mon compte si je continuais à moucharder.

Je recevais souvent la visite de personnes à la recherche de proches disparus. Un jour que j'étais dans le salon, Miss Grady cria : « Nellie Brown, on vous demande. »

Je me rendis dans le parloir et y trouvai un gentleman comptant parmi mes connaissances. En le voyant livide et bouche close, je compris que ma présence en ce lieu lui avait causé un terrible choc. Je décidai aussitôt de prétendre ne pas le connaître dans le cas où il révélerait mon identité. Il me restait néanmoins une carte à jouer. Miss Grady rôdant dans les parages, j'allai à l'essentiel et murmurai précipitamment : « Ne me trahissez pas. » Je compris à son regard éloquent qu'il avait saisi le message. Puis me tournant vers Miss Grady :

« Je ne connais pas cet homme.

– Est-ce que vous connaissez cette personne ? demanda l'infirmière à mon ami.

– Non, ce n'est pas la jeune femme que je recherche, articula-t-il avec peine.

– Dans ce cas, je dois vous demander de vous en aller. »

Elle le raccompagna à la porte. Je pris soudainement peur en songeant qu'il pourrait alerter mon entourage s'il venait à penser que j'avais été internée par erreur. J'attendis que l'infirmière ouvre la porte. Je savais que je bénéficiais d'un court moment et profitai de son inattention. « Un instant, *señor*. » Il se retourna et je demandai alors à voix haute :

« Parlez-vous espagnol, *señor* ? *(Puis en chuchotant.)* Ne vous inquiétez pas, j'enquête. Je vous demande une discrétion absolue.

– Non », répondit-il d'un ton qui me laissa penser que je pouvais compter sur lui.

Nous attendions avec appréhension l'arrivée du bateau, quoique pressées de voir si de nouvelles femmes grossiraient nos rangs. Les patientes ne manquaient jamais de les saluer ni d'avoir un mot gentil pour chacune d'elles. Toutes passaient par le Hall n° 6, avant d'être envoyées dans les étages.

Une jeune fille nommée Urena Little-Page fut internée peu de temps après mon arrivée. Elle était simple d'esprit mais, comme beaucoup de femmes sensées, elle se froissait dès qu'on parlait de son âge. Elle clamait auprès de qui voulait l'entendre qu'elle avait dix-huit ans, se mettant dans une colère noire quand on la contredisait. Les infirmières eurent tôt fait de découvrir son talon d'Achille, matière à bien des railleries dont elle faisait les frais.

« Urena, les médecins affirment que vous avez trente-deux ans, pas dix-huit », lui lança un jour Miss Grady dans un concert de ricanements. Elles ne cessèrent de la tourmenter que lorsque la malheureuse éclata en sanglots, hurlant qu'elle voulait rentrer chez elle. Les infirmières lui commandèrent sèchement de se taire. Mais Urena devint hystérique, et les infirmières se jetèrent sur elle, la giflèrent, lui donnèrent des coups répétés sur la tête. À ce stade, la pauvre créature était dans tous ses états ; elles n'hésitèrent alors pas à l'étrangler. Oui, vous avez bien lu. Elles la traînèrent ensuite jusque dans un placard, d'où nous parvenaient ses gémissements étouffés. Au bout de plusieurs heures d'enfermement, Urena retourna au salon, son cou portant encore les marques des doigts de ses assaillantes.

Les infirmières ne furent pas pour autant rassasiées. Elles choisirent pour nouvelle victime Mrs O'Keefe, une vieille femme qui n'avait plus toute sa tête. Vrai moulin à paroles, elle jacassait d'une voix à peine audible, quand Miss Grady et sa clique lui tombèrent dessus. J'eus le cœur brisé lorsqu'elle implora :

« Par pitié, ne les laissez pas me faire du mal.

– La ferme ! » répondit Miss Grady tandis qu'elle attrapait la pauvre femme par les cheveux pour la sortir de la pièce.

Elle l'enferma elle aussi dans le placard, et les cris s'estompèrent petit à petit jusqu'à cesser complètement. En revenant, Miss Grady observa qu'elle avait « enfin cloué le bec au vieux coucou ». Je rapportai cet épisode à plusieurs médecins, mais aucun ne sembla y prêter de l'importance.

Mathilda était un autre personnage du Hall n° 6. C'était une dame âgée originaire d'Allemagne, à l'allure frêle et au teint rose. Je crois bien que la banqueroute l'avait rendue folle. D'un tempérament calme, il lui arrivait toutefois d'être en proie à un grand trouble, s'entretenant avec les conduites de vapeur ou grimpant sur une chaise pour parler aux fenêtres. Durant ces conversations, elle s'emportait vivement contre les avocats qui lui avaient confisqué tous ses biens. Les infirmières prenaient un malin plaisir à persécuter cette vieille âme. Un jour que j'étais assise à côté de Miss Grady et de Miss Grupe, je les entendis l'encourager à donner à Miss McCarten toutes sortes de noms injurieux. Mais Mathilda prouva que, même dans son état, elle possédait plus de sens qu'elles. « Je ne peux pas vous le dire, c'est confidentiel », répétait-elle seulement. Un jour Miss Grady, prétextant avoir un secret à lui dire, lui cracha dans l'oreille. Mathilda se contenta de s'essuyer et garda le silence.

14

Quelques malheureux destins

Je fis bientôt la connaissance de la plupart des quarante-cinq femmes qui peuplaient le Hall n° 6. J'aimerais vous en présenter quelques-unes. Louise Schanz, la jolie Allemande, était persuadée que les esprits de ses défunts parents l'accompagnaient. « J'en ai reçu, des coups, de la part de Miss Grady et de ses assistantes, me dit-elle un jour, et je suis toujours affamée. Ce n'est pas juste de me laisser mourir de froid parce que je proteste. Oh ! je prie le Seigneur chaque soir pour qu'il me laisse retrouver Père et Mère. Une nuit, dans le pavillon de l'hôpital Bellevue, le Dr Field est venu me voir. J'étais déjà au lit et j'en avais assez de ses questions. Je l'ai prévenu que je ne lui répondrai plus. "Ah oui, a-t-il dit, c'est ce qu'on va voir." Il s'est assis sur le lit, s'est penché vers moi et m'a pincé très fort le ventre. J'ai bondi en criant : "Pourquoi faites-vous ça ?" "Je vais vous apprendre à m'obéir", il a seulement répondu. Ah, si je pouvais rejoindre mon cher papa au Ciel ! »

À mon départ de l'asile, une fièvre violente

l'obligeait à garder le lit, et peut-être qu'au moment où j'écris ces lignes son vœu a-t-il été exaucé.

Une Française est internée dans le Hall n° 6, du moins l'était-elle durant mon séjour là-bas. Je m'entretenais avec elle quotidiennement la première semaine, et ne décelais chez elle aucune manie ni hallucination. Son nom est Joséphine Despreau – j'espère l'orthographier correctement –, et son mari et ses amis vivent tous dans son pays natal. Joséphine souffrait grandement de cet éloignement. Ses lèvres se mettaient à trembler et elle sanglotait dès qu'elle évoquait sa condition.

« Comment vous êtes-vous retrouvée ici ? lui demandai-je un jour.

– Un matin, alors que je préparais le petit-déjeuner, je suis tombée gravement malade. La propriétaire de la pension a appelé à la rescousse deux policiers qui m'ont conduite au commissariat. Je n'entendais rien à leurs procédures, et mon histoire ne les intéressa pas. J'étais peu familière des usages de ce pays, et sans en avoir été informée j'ai été internée dans cet asile. Le premier jour, j'ai pleuré jusqu'au soir et, pour me le faire payer, Miss Grady et ses assistantes m'ont étranglée. Tenez, ma gorge me fait encore mal aujourd'hui. »

Une jeune beauté israélite parlait si mal l'anglais que je ne pus savoir son histoire qu'à travers les discussions des infirmières. J'appris ainsi qu'elle s'appelait Sarah Fishbaum. Elle avait été internée à la demande de son mari car elle avait accordé ses faveurs à d'autres que lui. À présent que vous connaissez le problème de Sarah, je vais vous dire comment les infirmières la soignaient. Elles lui disaient :

« Sarah, n'aimerais-tu pas avoir un beau jeune homme pour te tenir compagnie ?

– Oh, oui, jeune homme, très bien, répondait-elle dans son mauvais anglais.

– Eh bien, Sarah, nous pourrions en toucher un mot à certains médecins, qu'en dis-tu ? »

Elles lui demandaient ensuite quel était son préféré, et lui conseillaient de lui faire des avances lors de sa prochaine visite, etc.

Une femme aux cheveux blonds qui me semblait parfaitement saine d'esprit attira mon attention. Je finis par l'aborder afin de connaître les raisons de son internement.

« Que faites-vous ici ? lui demandai-je à la fin de notre échange.

– J'étais malade, répondit-elle.

– Êtes-vous atteinte de démence ?

– Absolument pas. Où êtes-vous allée chercher une idée pareille ? Je me suis épuisée à la tâche et j'avais des soucis de famille. Je me suis retrouvée sans le sou et sans toit pour m'abriter. J'ai demandé à être envoyée dans un asile de pauvres, le temps de retrouver un travail.

– Mais les seules femmes pauvres qu'on trouve ici sont folles, dis-je. Vous savez bien qu'il n'y a dans cet asile que des femmes censées être atteintes de démence ?

– Oui, je m'en suis vite aperçue. Mais je n'ai pas posé de question quand on m'a dit qu'on envoyait ici les pauvres qui comme moi demandaient de l'aide.

– Comment avez-vous été traitée ?

– Pour l'instant, j'ai échappé aux coups. Mais ce que j'ai vu ou entendu m'a souvent rendue malade. À mon arrivée, les infirmières m'ont forcée à prendre un bain, même si ma maladie me l'interdisait. Je l'ai payé cher les semaines suivantes. »

Un beau matin, deux nouvelles recrues arrivèrent dans le Hall n° 6. La première, Carrie Glass, était indiscutablement faible d'esprit, mais la seconde était une jolie fille originaire d'Allemagne qui semblait très jeune. Tout le monde parlait de sa beauté et de son air sagace. Elle s'appelait Margaret et avait été une cuisinière exemplaire. Un jour qu'elle récurait le sol de la cuisine, les femmes de chambre de la maison l'avaient volontairement sali. Une dispute avait éclaté, elle avait perdu son sang-froid et un policeman avait été appelé pour les séparer. Voilà la seule raison de sa présence dans cet hôpital psychiatrique.

« Comment peuvent-ils dire que je suis folle, tout ça parce que je me suis laissée emporter ? se plaignait-elle. On n'enferme pas tous ceux qui se mettent en colère. Maintenant que je suis ici, mieux vaut ne pas se faire remarquer pour éviter de prendre une raclée, comme certaines. Pour ça, on n'a rien à me reprocher. J'obéis aux ordres et ne rechigne pas à faire mon travail. Je fais tout ce qu'il faut pour leur prouver que j'ai encore ma tête. »

Pendant mon séjour, je n'ai jamais entendu les infirmières s'adresser aux patientes autrement que pour les réprimander, les injurier ou les provoquer. Elles passaient le plus clair de leur temps à répandre des propos malveillants sur les médecins ou leurs consœurs d'une manière qui ne faisait pas honneur à l'intelligence humaine. Miss Grady commençait généralement chacune de ses phrases en invoquant le nom du Seigneur, avant de proférer des paroles injurieuses. Au cours d'un dîner, elle se querella avec une autre infirmière au sujet du pain et, quand celle-ci eut le dos tourné, elle l'affubla de tout un tas de noms d'oiseaux.

Un après-midi, Mr Dent prit à part une patiente, Mrs Turney, au sujet d'une altercation qu'elle avait eue avec une infirmière. Le soir même, Mrs Turney retrouva l'infirmière qui l'avait violentée tranquillement assise à la porte du réfectoire. Elle s'empara de son bol et, tout en s'élançant vers la porte, le lui jeta à la tête. Au milieu des hurlements, Mrs Turney fut ramenée de force à sa place. Le lendemain, elle fut transférée au pavillon des « encordées », là où sont enfermées les femmes les plus dangereuses et les plus suicidaires de l'île.

Les premiers temps de mon séjour, j'eus du mal à trouver le sommeil tant je tenais à rester aux écoutes. Les infirmières durent s'en plaindre, car une nuit elles tentèrent de me faire boire un breuvage qui, selon leurs mots, était « censé me faire dormir ». Je refusai tout net et elles s'en allèrent. J'espérai être tranquille, mais elles revinrent quelques minutes plus tard avec le médecin qui nous avait accueillies, moi et mes compagnes, le jour de notre arrivée. Il me pressa de vider mon verre. J'étais plus que jamais résolue à garder l'esprit alerte et, quand il comprit que je ne me laisserais pas amadouer, il déclara que je lui avais fait perdre suffisamment de temps comme ça et menaça de m'injecter le liquide dans le bras. Il me vint à l'esprit que je n'aurais alors plus aucun moyen de m'en débarrasser. Je pris donc le verre et reniflai son contenu ; ça sentait fort le laudanum, il devait y en avoir suffisamment pour assommer un cheval. Une fois seule dans ma chambre, j'enfonçais mes doigts dans la gorge et le chloral alla prouver son efficacité ailleurs.

Miss Burns, une des infirmières de nuit du Hall n° 6, veillait sur les pauvres affligés avec patience et dévouement. Ses consœurs me parlaient d'amants et me demandaient sans cesse si je n'aimerais pas en avoir un. Sans doute ne m'ont-elles pas trouvée portée sur le sujet.

Les patientes avaient le droit de prendre un bain une fois par semaine, seule occasion où elles utilisaient du savon. L'une d'elles m'offrit un morceau de savon pas plus gros qu'un dé à coudre. Je fus honorée de cette marque d'affection, mais je pensai aussi qu'elle apprécierait davantage ce petit luxe que moi-même, aussi refusai-je son présent. Le jour du bain, les patientes se lavaient successivement dans la même eau jusqu'à ce qu'elle en devienne trouble. La baignoire était alors vidée puis directement remplie, sans avoir été nettoyée. Les patientes au corps sain réclamaient à grands cris de pouvoir se laver dans une eau propre, mais elles étaient obligées de se soumettre aux ordres d'infirmières aussi paresseuses que tyranniques. Les robes ne sont guère lavées plus d'une fois par mois. Quand une patiente recevait de la visite, il n'était pas rare que des infirmières lui en fassent enfiler une autre afin de préserver les apparences.

Les folles incapables de prendre soin de leur personne vivent dans des conditions dégradantes. Les infirmières ne se soucient pas d'elles le moins du monde et n'ont aucun scrupule à charger les autres patientes de s'en occuper à leur place.

Après notre arrivée à l'asile de Blackwell's Island, la santé de Miss Tillie Mayard ne cessa de décliner. Elle grelottait perpétuellement et refusait de s'alimenter. Elle avait coutume de chanter afin d'exercer sa mémoire, mais une infirmière le lui interdit bientôt. Je m'efforçais d'aller lui parler souvent, même si la voir dépérir un peu plus chaque jour me plongeait dans un abîme de tristesse. Un jour, elle délira. Elle était convaincue que je lui avais pris son identité et que les visiteurs qui souhaitaient me rencontrer étaient en vérité des amis à elle partis à sa recherche. J'essayai de lui faire entendre raison, en vain. Je me tins donc autant que possible à distance, craignant que ma présence n'aggrave son trouble.

Une des patientes, Mrs Cotter, une femme à l'allure gracile, crut lors d'une de nos promenades apercevoir son mari remonter l'allée. Elle quitta les rangs et courut à sa rencontre. Pour ça, elle fut envoyée à ce que l'on nomme la Retraite. À son retour, elle me raconta : « Le souvenir de ce qui s'est passé là-bas suffirait à me rendre folle. Pour punir mes pleurs, les infirmières m'ont frappée avec un balai et m'ont sauté dessus, me blessant à l'intérieur pour que je ne puisse jamais m'en remettre. Après, elles m'ont attaché les mains et les pieds, et rabattant un drap sur ma tête l'ont enroulé autour de ma gorge pour m'empêcher de crier, puis m'ont jetée dans une baignoire d'eau glacée. Elles m'ont maintenue sous l'eau jusqu'à ce que je perde conscience. D'autres fois, elles m'attrapaient par les oreilles et me cognaient la tête contre le mur ou le sol. Puis elles m'arrachaient des cheveux à la racine afin qu'ils ne puissent pas repousser. »

Mrs Cotter s'interrompit pour me montrer la bosse à l'arrière de sa tête et les zones nues de son crâne. Je transcris son histoire le plus fidèlement possible : « Je n'étais pas plus maltraitée qu'une autre, mais j'ai laissé là-bas ma santé et, même si je réussis à sortir d'ici un jour, je serais une loque. Quand mon mari a eu vent de la façon dont on me traitait, il a menacé de révéler l'affaire si on ne m'en faisait pas sortir, j'ai donc pu retourner ici. Je vais mieux maintenant. Toute cette vieille peur m'a quittée, et les médecins ont promis qu'ils laisseraient mon mari me ramener chez nous. »

Je fis également la connaissance d'une certaine Bridget McGuinness, dont l'état semble s'être amélioré depuis. Elle affirmait avoir été envoyée à la Retraite n° 4 et mise avec les « encordées ». « La violence qui règne là-bas est à peine croyable. On me tirait les cheveux, m'étranglait ou me rouait de coups de pied. Les infirmières ordonnaient à une patiente de rester postée à la fenêtre pour les prévenir si un médecin approchait. Ça ne servait à rien de se plaindre auprès des médecins, ils répondaient toujours que c'était le fruit de l'imagination de nos cerveaux malades, et en plus ça nous aurait valu d'autres coups des infirmières. Elles maintenaient les patientes sous l'eau et les menaçaient de les laisser se noyer si elles ne promettaient pas de garder le silence. Nous promettions toutes, parce que nous savions que les médecins ne nous aideraient pas et nous voulions à tout prix éviter les coups. Après avoir cassé le carreau d'une fenêtre, j'ai été transférée à la Loge, un endroit pire qu'une porcherie. L'air y est irrespirable. L'été, des essaims de mouches envahissent les lieux. La nourriture est mille fois pire, et on mange dans des assiettes de fer-blanc. Les barreaux des fenêtres sont placés à l'intérieur, non à l'extérieur comme ici. Beaucoup de patientes calmes sont là-bas depuis des années, les infirmières les y gardent pour faire le travail à leur place. Une fois, les infirmières m'ont cassé deux côtes en me sautant dessus à pieds joints.

« Pendant que j'étais là-bas, une jeune fille est arrivée en faisant un boucan d'enfer. Une nuit, les infirmières l'ont sortie du dortoir et, après l'avoir battue, l'ont forcée à se déshabiller et à prendre un bain glacé, avant de la jeter dans son lit. Au petit matin, elle était morte. Les médecins ont dit qu'elle était morte de convulsions, et on n'en a plus jamais parlé.

« Ils injectent tant de morphine et de chloral que les patientes en deviennent folles. Certaines patientes étaient assoiffées à cause des drogues, mais les infirmières refusaient de leur donner à boire. Des femmes supplient parfois toute la nuit pour un simple verre d'eau. J'ai moi-même réclamé de l'eau jusqu'à ce que ma bouche sèche m'empêche de parler. »

J'assisterais effectivement à de telles scènes au Hall n° 7. Des patientes suppliaient pour boire avant d'aller se coucher, mais les infirmières leur interdisaient l'accès à la salle de bains où elles auraient pu étancher leur soif.

15

Scènes de la vie d'asile

Les distractions sont rares à l'asile. Les patientes sont certes en charge de la confection de leurs vêtements, mais coudre n'occupe pas l'esprit. Après plusieurs mois d'enfermement, les souvenirs du monde extérieur s'atténuent et s'effacent ; les pauvres créatures n'ont alors plus qu'à ressasser leur chagrin dans leur coin. Les étages les plus élevés offrent une bonne vue sur New York et les bateaux de l'East River. Quand je contemplais entre les barreaux de fer la cité qui se dorait dans la lumière du soleil, je me prenais à songer dans quel état je serais si je n'avais personne pour me sortir de là.

Il n'était pas rare que des patientes restent debout près de la fenêtre à regarder d'un air mélancolique cette ville que, selon toute vraisemblance, elles n'arpenteraient plus jamais. New York, symbole de liberté et de vie, semblait si proche ! Pourtant le paradis n'est pas plus éloigné de l'enfer.

Se languissaient-elles de leurs foyers ? À l'exception des plus atteintes, elles savaient parfaitement où elles se trouvaient, et avaient cet intense et incessant espoir de rentrer un jour chez elles.

Une malheureuse me répétait chaque matin : « J'ai rêvé de ma mère cette nuit. Je crois qu'elle me ramènera aujourd'hui à la maison. » Cette pensée, cette attente, continuait de l'obséder en dépit des quatre années déjà passées entre les murs de l'asile.

Quelle chose mystérieuse que la folie ! J'ai rencontré des patientes aux lèvres scellées, condamnées au silence pour l'éternité. Elles vivent, respirent, mangent ; l'enveloppe humaine demeure, mais ce quelque chose dont le corps peut se passer mais sans lequel il ne peut exister est absent. Je me suis souvent demandé si ces lèvres dissimulaient des rêves secrets ou un vide abyssal.

Je n'envie pas davantage les patientes engagées dans des conversations sans fin avec d'invisibles interlocuteurs, coupées du monde qui les entoure tant elles sont captivées. Étrangement, ce sont elles les plus promptes à obéir aux infirmières, un peu comme des chiens avec leur maître. L'un des cas les plus malheureux de l'asile était une jeune Irlandaise aux yeux bleus, convaincue d'être damnée pour une faute dont elle se croyait coupable. Matins et soirs, elle poussait de terrifiantes vociférations à vous donner froid dans le dos. « Je suis maudite ! » hurlait-elle. Son martyre devait ressembler aux tourments de l'enfer.

Après mon transfert dans le Hall n° 7, je partageai un dortoir avec six autres femmes, dont deux passaient leur nuit à divaguer. L'une d'elles se levait de son lit pour rôder sur la pointe des pieds, comme en quête d'une proie. Je ne pouvais m'empêcher de penser qu'il lui serait terriblement facile de nous attaquer. Dans de telles conditions, il était difficile de prendre un peu de repos.

Une femme à l'automne de sa vie, toujours assise dans son coin, était affectée d'un mal bien étrange. Elle gardait par-devers elle un lambeau de journal et lisait à voix haute les nouvelles les plus extraordinaires qu'il m'ait été donné d'entendre. J'avais pris l'habitude de m'asseoir à son côté pour dévorer ses paroles, car elle contait avec autant de talent la petite et la grande histoire.

Durant mon séjour à l'asile, je n'ai vu qu'une seule lettre parvenir à une patiente. Elle devint le centre de l'attention car toutes étaient avides d'avoir des nouvelles du monde extérieur. Aussi se groupèrent-elles autour de l'heureuse chanceuse pour l'assaillir de questions.

Les visites étaient sources de joie. Miss Mattie Morgan joua un jour du piano afin de divertir les visiteurs. Ils s'approchèrent pour écouter, mais à un certain point il se murmura qu'elle était elle aussi internée. « Folle ! » chuchotèrent-ils en se dispersant. Cet épisode offensa la chère femme autant qu'il l'amusa. En compagnie de filles du Hall n° 7 entraînées par ses soins, elle égayait nos soirées avec des numéros de danse et de chant. Les médecins ne rechignaient pas à se mêler au public ou à danser avec les patientes.

Un jour que nous nous rendions au réfectoire, un faible sanglot nous parvint du sous-sol. Il n'avait échappé à personne, et nous comprîmes rapidement qu'un bébé se trouvait dans l'asile. Oui, un bébé. Songez un peu – un être innocent qui voyait le jour dans l'antichambre de l'enfer ! Je ne peux rien imaginer de plus horrible.

Une autre fois, une visiteuse vint accompagnée de son bambin. Elle voulut bien qu'une patiente qui avait été séparée de ses cinq enfants le prenne dans ses bras. Quand il fut l'heure de partir, la patiente, inconsolable, refusa de se séparer de ce petit qu'elle prenait pour le sien. Cette histoire provoqua une agitation sans précédent chez les internées.

Le seul loisir, si on peut l'appeler ainsi, dont jouissaient les patientes était un tour de carrousel une fois par semaine, quand le temps le permettait. Elles accueillaient avec un plaisir certain cette petite distraction.

Une fabrique de brosses, une autre de paillassons et la blanchisserie employaient les patientes les moins atteintes. Elles n'y gagnaient rien, mais en étaient grandement dépendantes.

16

Les adieux

Le jour où Pauline Moser arriva à l'asile, des hurlements aigus résonnèrent dans le hall. La jeune Irlandaise, à moitié vêtue, se plaça au centre de la pièce en titubant comme une soûlote : « Hourra ! Hip, hip ! J'ai vaincu le diable ! Lucifer, Lucifer, Lucifer ! » Elle répéta ces paroles plusieurs fois, puis s'arracha une pleine poignée de cheveux en s'exclamant : « J'ai trompé le malin ! On dit que Dieu a créé l'enfer, c'est faux ! » Comme si cela ne suffisait pas, Pauline se mit à entonner d'horribles airs. Mr Dent n'apparut qu'au bout d'une heure de ce sinistre spectacle. Tandis qu'il se dirigeait vers elle, Miss Grupe murmura à l'oreille de la pauvre démente : « Regarde-le, c'est le diable ! » Stupéfaite, je m'attendais à ce que la créature se rue sur lui, mais elle n'en fit rien et se mit à balbutier frénétiquement « Oh, Lucifer. » Après le départ du médecin, l'infirmière tenta à nouveau de l'exciter en prétendant que l'image de *minstrel* accrochée au mur était le diable. La pauvre hurla : « Je t'en ferai don, esprit maléfique », et il fallut deux infirmières pour la contenir.

J'ai toujours clamé aux médecins que j'étais lucide et exigé d'être libérée. Mais plus je me comportais comme une personne normale, plus ils étaient convaincus de ma folie.

« Quelle est votre fonction, au juste ? demandai-je un jour à l'un d'eux.

– Soigner les patientes et évaluer leur degré de démence, répondit-il.

– Vraiment ? Sur les seize médecins qui travaillent sur cette île, seuls deux s'intéressent véritablement à nous. Comment pouvez-vous juger de la folie d'une femme si vous la saluez à peine et refusez de l'écouter quand elle vous en supplie ? Même les plus malades savent qu'il est inutile de vous parler, puisque vous vous obstinez à leur répondre que tout est dans leur tête. »

« Prenez mon pouls, ai-je demandé à d'autres, écoutez mon cœur et examinez mes yeux. Demandez-moi d'écarter les bras, de remuer les doigts, comme le Dr Field à l'hôpital Bellevue. Pouvez-vous affirmer avec certitude que je ne suis pas saine d'esprit ? » Nul ne me prêtait attention, tous étaient convaincus que je divaguais.

J'insistai auprès d'un autre médecin :

« Vous n'avez pas le droit de garder des femmes en bonne santé dans cet asile. Faites-moi passer un examen digne de ce nom ou libérez-moi. Plusieurs patientes sont saines d'esprit. Pourquoi refusez-vous de les laisser sortir ?

– Elles sont folles et souffrent d'hallucinations », reçus-je pour toute réponse.

Un jour, après une longue entrevue, le Dr Ingram promit de me transférer dans une section moins agitée. Une heure plus tard, Miss Grady m'appelait dans le hall. Après m'avoir abreuvée d'autant de jurons que peut apprendre une femme, elle déclara que mon départ était une bonne chose pour « mon derrière », car un jour ou l'autre elle m'aurait rendu la monnaie de ma pièce. « Garce, va. Tu as peut-être perdu la mémoire, mais tu n'oublies jamais de moucharder. » Elle appela également Miss Neville, que dans sa bonté le Dr Ingram avait également transférée, et nous conduisit au Hall n° 7 qui se trouvait à l'étage.

J'y fis la connaissance de Mrs Kroener, Miss Fitzpatrick, Miss Finney et Miss Hart. Je n'y ai pas été témoin de traitements aussi cruels qu'au rez-de-chaussée, mais il arrivait malgré tout aux infirmières de faire de vilaines remarques, de proférer des menaces, de tordre des doigts ou de gifler les patientes indisciplinées. L'infirmière de nuit, dont le nom est Conway il me semble, montait comme une soupe au lait. Dans le Hall n° 7, si l'on possédait encore quelque pudeur, on apprenait vite à s'en départir. Les patientes devaient se dévêtir dans le hall et laisser leurs vêtements pliés devant la porte de leur chambre jusqu'au lendemain matin. J'insistai pour me déshabiller dans le dortoir, mais Miss Conway rétorqua que, si elle me prenait à lui jouer ce mauvais tour, elle me ferait passer l'envie de recommencer.

Lors de ma première consultation, le Dr Caldwell

me donna une tape sous le menton. Comme j'en avais assez de ses questions incessantes, je ne lui répondis plus qu'en espagnol.

Le Hall n° 7 peut sembler accueillant au visiteur occasionnel. Des gravures de piètre qualité habillent les murs, et il y trône un piano auquel présidait Miss Mattie Morgan, ancienne employée dans un magasin de musique de New York. Elle donnait des leçons de chant à plusieurs patientes, avec quelques beaux résultats. Mais l'artiste du hall se prénommait Under – prononcez Wanda –, une jeune femme originaire de Pologne. C'était une pianiste virtuose, quand elle voulait bien partager son talent avec nous. Elle déchiffrait en un rien de temps les partitions les plus ardues, et son toucher et son interprétation étaient absolument parfaits.

Le dimanche, les patientes les plus calmes, triées sur le volet durant la semaine par les infirmières, assistaient à la messe dans la petite chapelle catholique de l'île.

Un membre du comité de bienfaisance se joignit un midi à la ronde de Mr Dent. Dans le sous-sol, ils découvrirent que la moitié des infirmières étaient parties déjeuner, nous laissant à la charge de leurs consœurs, comme elles en avaient l'habitude. L'ordre fut aussitôt donné de les ramener. Certaines patientes voulurent se plaindre de l'absence de sel mais en furent empêchées.

L'asile d'aliénées de Blackwell's Island est une souricière à taille humaine. Il est facile d'y entrer mais, une fois à l'intérieur, impossible d'en sortir. J'avais l'intention de me faire interner dans les pavillons réservés aux patientes les plus violentes, la Loge ou la Retraite, mais quand je pris connaissance des récits de deux femmes qui y avaient séjourné, je préférai y renoncer et préserver mes cheveux et ma santé.

Peu de temps avant mon départ de Blackwell's Island, je fus punie et privée de visites. Par conséquent, quand Peter A. Hendricks, l'avocat salvateur, vint me prévenir que mes amis proposaient de s'occuper de moi si je souhaitais quitter l'asile, je fus plus qu'heureuse de donner mon consentement. Je le priai de m'expédier immédiatement quelque chose à manger à son retour à Manhattan, et attendis impatiemment ma libération.

Le jour béni arriva plus tôt que je ne le croyais. J'étais alors en promenade, préoccupée du sort d'une pauvre femme qui s'était évanouie après avoir été contrainte de marcher par les infirmières. « Au revoir, je rentre chez moi », glissai-je à Pauline Moser lorsqu'elle passa à mes côtés, encadrée de deux femmes. Le cœur lourd, je fis mes adieux à tous ces visages familiers tandis que je me dirigeais vers la liberté et la vie, les laissant à un destin auquel la mort peut paraître préférable. Je murmurai « *Adios* » à une patiente mexicaine puis lui envoyai un baiser, avant de quitter définitivement mes compagnes du Hall n° 7.

Je désirais plus que tout partir de cet horrible endroit, pourtant, une fois libre et à même de profiter des divins rayons du soleil, je ressentis une certaine douleur. J'avais été l'une des leurs dans leur infortune et, sottement, il me semblait égoïste de les abandonner. Tel Don Quichotte, j'éprouvais le besoin de les aider par ma seule présence et ma compassion. Mais ce sentiment ne dura qu'un temps. Une fois les barreaux disparus, la liberté me sembla le sentiment le plus doux qui soit.

Je traversai le détroit et approchai de Manhattan en femme libre, après dix jours passés à l'asile d'aliénées de Blackwell's Island.

17

L'enquête du grand jury

Peu de temps après mon retour en ville, je fus citée à comparaître devant le grand jury. Cela ne me dérangea nullement de répondre à leurs questions, bien au contraire, je souhaitais tant aider mes anciennes compagnes. Je savais que je ne leur trouverais point de salut, mais au moins pouvais-je leur rendre la vie moins amère. Les jurés étaient de parfaits gentlemen, et je témoignai devant leurs augustes présences sans appréhension.

Sous serment, je leur racontai mon histoire, depuis la Pension pour femmes jusqu'à mon départ de Blackwell's Island. Vernon M. Davis, l'adjoint au procureur, conduisit l'interrogatoire. Lorsque j'eus terminé, les jurés me demandèrent de les accompagner lors de leur visite à l'asile. J'acceptai volontiers.

Notre excursion sur l'île avait beau avoir été tenue secrète, un membre du comité de bienfaisance et le Dr MacDonald de Ward's Island se joignirent à notre groupe dès que nous eûmes mis pied à terre. Selon un juré, les deux hommes avaient été avertis de notre venue une heure avant notre arrivée, probablement au moment où le grand jury visitait l'hôpital Bellevue.

La traversée du détroit fut bien éloignée du souvenir que j'en gardais. En embarquant à bord d'un bateau neuf et propret, j'appris que celui avec lequel j'avais effectué mon premier voyage était en réparation.

Certaines des infirmières furent confrontées aux jurés, apportant des témoignages contradictoires et très différents de ma version des faits. Elles finirent par avouer qu'un médecin les avait prévenues de leur visite. Lors de sa déposition, le Dr Kent déclara qu'il ne pouvait dire avec certitude si l'eau du bain était froide et si elle était ou non fréquemment changée. Il concéda que la nourriture n'était point convenable, mais accusa l'insuffisance des fonds.

Les patientes étaient-elles victimes des brimades des infirmières ? Il ne pouvait pas l'affirmer. Il reconnut que, faute de moyens, certains médecins de l'asile n'étaient pas aussi compétents qu'ils auraient dû l'être. Puis se tournant vers moi : « Je suis content que vous ayez révélé toute cette histoire et, si j'avais su vos desseins, je vous aurais aidée. Autrement, jamais nous n'aurions su comment les choses se passent réellement ici. Après la publication de votre enquête, j'ai découvert qu'une infirmière de la Retraite exigeait des patientes qu'elles l'avertissent de notre arrivée, exactement comme vous l'aviez écrit. Elle a été renvoyée. »

Miss Neville fut également interrogée. J'allai à sa rencontre dans le hall car je savais que, quoiqu'elle fût parfaitement saine d'esprit, la vue de tous ces inconnus l'effraierait. Tout se passa effectivement comme je le craignais. Les infirmières lui avaient raconté que des hommes viendraient l'examiner, et la pauvre tremblait de tous ses membres. Nous nous étions quittées à peine deux semaines plus tôt en bonne santé, mais elle semblait à présent souffrir d'une grave maladie et était méconnaissable. On lui donnait des médicaments, m'apprit-elle. Je la rassurai et lui affirmai que les jurés souhaitaient seulement qu'elle témoigne pour lever leurs derniers doutes sur ma sincérité. Elle ne me connaissait que sous le nom de Nelly Brown et ignorait tout de mon histoire.

Elle ne prêta pas serment, mais son récit aurait convaincu n'importe quel auditoire de la véracité de mon témoignage.

« Lorsque je suis arrivée avec Miss Brown ici, les infirmières étaient cruelles et la nourriture infecte. Miss Brown réclamait sans arrêt des vêtements supplémentaires parce que nous grelottions. J'ai envers elle une profonde gratitude. Lorsqu'un médecin a accepté sa demande, elle a promis de me les donner. Cela peut sembler étrange mais, depuis le départ de Miss Brown, les choses ont bien changé. Les infirmières sont plus douces, nous avons moins froid et les médecins nous voient plus souvent. Les repas sont également meilleurs. »

Avions-nous besoin de plus de preuves ?

Les jurés inspectèrent les cuisines. Elles avaient été briquées du sol au plafond. On avait également placé en évidence près de la porte deux petites barriques de sel et une belle miche de pain blanc qui avait peu à voir avec ce qu'on avait coutume de manger.

Les halls étaient eux aussi d'une propreté et d'un ordre extrêmes. Les lits s'avéraient de meilleure qualité et, dans le Hall n° 7, les seaux utilisés d'ordinaire pour la toilette avaient été remplacés par de rutilantes bassines.

L'institution s'était mise sur son trente-et-un ; rien ne pouvait lui être reproché.

Mais où se trouvaient mes anciennes compagnes ? Je ne les vis nulle part. Pourquoi les avoir transférées, si ce n'est par peur qu'elles confirment mes dires ? Miss Neville s'était plainte auprès des jurés d'avoir dû changer d'endroit à plusieurs reprises. Lorsque nous retournâmes dans le hall, elle avait disparu.

Mary Hughes n'était plus là. Ses proches étaient un jour venus la chercher. Pour aller où, personne ne le savait. La femme blonde qui figure également dans mon récit, conduite en ce lieu pour la seule raison qu'elle était pauvre, avait, déclarèrent-ils, été transférée sur une autre île. Ils ignoraient aussi ce qu'il était advenu de la patiente mexicaine, et allèrent jusqu'à soutenir qu'ils n'avaient jamais reçu cette personne. Mrs Cotter avait été libérée, et Bridget McGuinness et Rebecca Farron, autre patiente du Hall n° 6, transférées dans de nouveaux quartiers. Margaret, la jeune fille allemande et Louise étaient introuvables. Quant à Joséphine, la Française, une femme robuste comme pas deux, elle se mourait de paralysie, raison pour laquelle nous ne pouvions la voir. Si j'avais tort au sujet de la santé mentale de toutes ces femmes, pourquoi les cachait-on ? J'aperçus Tillie Mayard en frémissant, tant son état s'était détérioré.

Après que le grand jury eut vu ce décor à l'opposé de ce que j'avais connu, j'avais peu d'espoir qu'il me donne raison. À ma grande surprise, c'est pourtant ce qu'il fit, et son rapport à la cour recommanda tous les changements que j'avais proposés.

Voici une grande joie apportée par mon travail : grâce à cette enquête, la commission des budgets de la ville de New York a octroyé un million de dollars supplémentaire aux hôpitaux psychiatriques de Blackwell's Island.

Dans la peau d'une domestique

Une étrange expérience dans deux bureaux de placement

Seuls les initiés savent combien le personnel de maison est un sujet majeur et complexe par bien des aspects. Maîtresses et domestiques occupent bien sûr le devant de la scène. Les bureaux de placement, qui (n'en déplaise à leurs détracteurs) se proclament d'utilité publique, œuvrent en coulisse. La question pimente les dîners mondains car elle a trait aux repas, au lit, au linge – toutes choses que l'on ne prend pas à la légère. Ainsi, à force d'entendre les récriminations de maîtresses mécontentes et de femmes de chambre épuisées, de placeurs et d'avocats, il me vint un jour l'idée de mener ma propre enquête pour en avoir le cœur net. Je ne pouvais parvenir à mes fins qu'en me faisant passer pour une domestique à la recherche d'une place. On exigerait sans doute que je fournisse des « références ». Or j'ignorais comment en obtenir, n'ayant jamais eu à faire mes preuves dans ce métier. Mais je ne me laissai pas décourager pour autant et n'envisageai pas un seul instant de demander à une amie de m'aider à résoudre ce problème. Beaucoup de filles doivent à un moment ou un autre se trouver sans références, songeai-je, ce qui me décida à aller tenter ma chance.

Un lundi après-midi une lettre arriva au *World*, d'un avocat qui accusait un bureau de placement de ne pas avoir fourni à son client la domestique promise. Ce bureau piqua ma curiosité. Vêtue d'une tenue adéquate à ma nouvelle condition, je remontai la Quatrième Avenue jusqu'au lieu recherché, situé au n° 69. C'était un bâtiment bardé de bois aux dimensions modestes qui semblait appartenir à un autre âge. J'aurais pu croire être devant une brocante car le rez-de-chaussée était un véritable capharnaüm. Mais, appuyé contre un mur, un grand écriteau invitait les passants à pousser la porte du « Bureau de placement Germania ». Sur un panneau bleu accroché à une des fenêtres du premier étage était écrit en lettres blanches menaçantes : « Domestiques ».

J'entrai et me retrouvai dans un couloir crasseux au sol nu, face à un escalier bancal que je gravis jusqu'au premier palier, à la rencontre de mon destin. Je passai devant deux portes closes, puis une troisième sur laquelle je lus « Bureau ». Je tournai la poignée ronde sans frapper mais, comme elle me résistait, j'ajoutai un coup d'épaule. Elle céda brusquement, et c'est en trébuchant que j'entamai ma carrière de domestique. Je découvris une petite pièce basse de plafond avec du papier peint bon marché et un tapis à motifs poussiéreux. Une épaisse balustrade, un haut bureau et un comptoir divisant l'espace en deux donnaient à la pièce des airs de salle d'audience. Des réclames bigarrées pour des lignes de bateaux à vapeur et des cartes géographiques se partageaient les murs. Sur la tablette de la cheminée, entre deux bustes de plâtre, était posée une feuille blanche de format carré. Je tressaillis en déchiffrant les grandes lettres noires qui la recouvraient : « Références vérifiées !! ». Si seulement le ton avait été moins féroce, ou qu'il n'y avait eu qu'un point d'exclamation, mais deux, pensez donc ! – il y avait de quoi être terrifiée. Il ne me restait plus qu'à renoncer à rédiger mes propres références.

Une jeune femme qui se tenait près de la fenêtre tourna la tête vers moi quand je fis mon entrée fracassante. Le placeur qui discutait avec elle retourna prestement s'asseoir à son bureau. C'était un homme de taille moyenne avec une calvitie et un regard gris inquisiteur. Ses épaules tombantes s'engonçaient dans une redingote noire boutonnée jusqu'au col.

« Oui ? dit-il sans autre préambule en jaugeant rapidement ma mise.

– Êtes-vous la personne qui place les domestiques ? demandai-je comme s'il n'existait qu'un seul être capable d'une telle chose.

– Celle-là même. Vous cherchez une place ? s'enquit-il avec un fort accent allemand.

– Oui.

– Quel était votre dernier poste ?

– Oh, j'étais femme de chambre. Pensez-vous pouvoir me trouver quelque chose ?

– Sans aucun doute, m'assura-t-il. Vous présentez

bien, vous n'aurez pas de mal à trouver un travail. Tenez, l'autre jour, j'ai placé une jolie jeune femme. Ses gages s'élèvent maintenant à vingt dollars par mois. Les employeurs n'hésitent pas à mettre la main à la poche pour avoir de jolis brins de filles à leur service. Où avez-vous servi ?

– À Atlantic City, répondis-je (que l'on me pardonne ce mensonge).

– Personne ne vous a fourni de références à New York ?

– Non, personne. Mais je cherche à être engagée en ville, c'est la raison qui m'amène ici.

– Ça ne devrait pas poser de problème. Ils sont peu à être à cheval sur les références.

– Y aurait-il une place disponible dès à présent ? le pressai-je, résolue à entrer dans ma nouvelle place le plus tôt possible.

– Vous devez d'abord payer pour inscrire votre nom dans le registre. »

Puis ouvrant un grand répertoire :

« Comment vous appelez-vous ?

– Quels sont vos tarifs ? demandai-je pour gagner du temps.

– Un dollar pour l'inscription mensuelle, auquel s'ajoute un supplément si je vous obtiens un bon salaire.

– C'est-à-dire ?

– Les suppléments se calculent en fonction du salaire, répondit-il, plutôt évasif. Votre nom ?

– En échange d'un dollar, vous me trouverez une place. C'est bien ça ?

– Certainement, c'est ma fonction.

– Et vous m'assurez que je travaillerai en ville ? insistai-je.

– Absolument, notre agence sert à ça. Je vous trouverai une place, n'ayez crainte.

– Parfait, voici un dollar, ce qui n'est pas une petite somme pour une jeune fille sans travail. Mon nom est Sally Lees.

– Que dois-je mettre dans l'annonce ?

– Oh, à peu près tout, répondis-je, surprise de ma propre largesse.

– Je mettrai donc femme de chambre, nurse et couturière. »

Il nota mon faux nom dans son registre. En m'acquittant de la somme due, je lui glissai que s'il me trouvait une place dans les plus brefs délais je saurais le payer en retour. Il en parut revivifié et promit de me donner des nouvelles dans la matinée.

« Vous n'avez donc aucune demande ?

– Ce ne sont pas les clients qui manquent, mais aucun ne s'est manifesté pour le moment. Ils viennent généralement le matin, il est trop tard à présent. Où logez-vous ? »

Une femme en robe bleue, fichu noir sur les épaules, sortit d'une pièce à l'arrière. Elle me jaugea à son tour comme si j'étais une marchandise, tandis que l'homme lui répétait en allemand tout ce qu'il savait sur mon compte.

« Vous pouvez rester ici, articula-t-elle dans un mauvais anglais quand elle apprit que je venais d'arriver en ville. Où est votre bagage ?

– Je l'ai laissé à la pension où je dors ce soir », mentis-je.

Ils voulurent me convaincre de loger chez eux. « Seulement deux dollars cinquante la semaine, avec le couvert, ou vingt cents la nuit. » Ils se hâtèrent d'ajouter que ça ne faisait pas grande différence pour eux, pour ce que cela leur coûtait, mais qu'en étant sur place j'augmentais mes chances d'obtenir un emploi. Après tout, ils ne souhaitaient que me venir en aide. Un simple coup d'œil à la chambre attenante à l'agence suffit à me décider à aller dormir ailleurs.

À la tombée du soir, je compris que plus personne ne viendrait engager une domestique pour la journée. Je m'enquis de l'heure à laquelle je devais venir le lendemain matin et exigeai un reçu. « Pas besoin d'être si tatillonne », pesta le placeur, mais comme j'insistai il écrivit au dos d'une carte de visite : « Sally Lees a payé 1 $. Bon pour un mois d'utilisation du bureau de placement. 69, 4e Ave. »

Le lendemain matin, sur les coups de dix heures trente, j'étais de retour à l'agence. Une petite dizaine de jeunes femmes occupait déjà les lieux et l'homme qui avait empoché mon dollar trônait derrière son bureau. Personne ne prit la peine de me saluer, ni ne me prêta attention, aussi m'assis-je discrètement sur une chaise près de la porte. Les filles étaient coquettement vêtues et semblaient repues. Rivées à leurs sièges, elles avaient la mine rêveuse, à l'exception de deux qui regardaient les passants par la fenêtre en se faisant des messes basses. Si seulement j'avais pu me rapprocher pour savoir ce qui les occupait tant ! Au bout d'un moment, je décidai de rappeler au placeur que je cherchais un travail, pas un endroit où faire la sieste.

« M'avez-vous trouvé une place où je puisse commencer ce matin ?

– Non, mais j'ai fait passer une annonce dans le journal. »

Il me tendit le *Tribune* daté du 25 octobre, en indiquant la notice suivante : « NURSE, etc. – Jeune fille américaine soignée et compétente recherche place de femme de chambre, nurse ou couturière. Appeler au 69 de la Quatrième Avenue ; pas de cartes. »

Je réprimai un rire en découvrant en quels termes était faite ma publicité. Quel autre *rôle* me réservait donc l'avenir ? J'espérai que quelqu'un appelle pour prendre cette jeune femme de qualité à son service, mais quand un vieux gentleman pénétra dans la pièce je me mis à souhaiter avec autant d'ardeur que ce ne fût pas moi qu'il venait chercher. La situation m'amusait à ce point que je craignais en effet de ne pouvoir garder mon sérieux si on m'interrogeait. Le pauvre homme ! Il balaya la pièce du regard, l'air perdu. Le placeur ne le laissa pas longtemps dans le doute.

« Je peux vous aider, Monsieur ?

– Une annonce parue dans le *Tribune* de ce matin a attiré l'attention de mon épouse. Elle m'a chargé de venir voir comment est la fille.

– Il s'agit d'une personne fort capable, Monsieur. Je vous en prie, approchez. »

Il ouvrit la barrière et lui donna une chaise derrière le haut comptoir. « Venez ici, Sally Lees », me lança-t-il en indiquant de l'index une seconde chaise. Je m'assis à côté du visiteur et le placeur s'enfonça confortablement dans son siège. Me considérant avec nervosité, le visiteur s'éclaircit la voix à plusieurs reprises et se lança enfin :

« Êtes-vous la fille de l'annonce ? *(J'acquiesçai.)* J'imagine que vous êtes expérimentée et que vous avez toutes les aptitudes qu'exige votre fonction ?

– Oui, Monsieur, répondis-je, sûre de moi.

– Bien, combien gagnez-vous ?

– Oh, il n'importe, Monsieur. Je prendrai ce que Monsieur voudra me donner », répondis-je en implorant le placeur du regard.

Il comprit immédiatement et déclara : « Quatorze dollars par mois, Monsieur. Elle est travailleuse, soigneuse, rapide à l'ouvrage, et fort aimable. C'est une perle. »

Je fus stupéfaite de l'entendre si bien cerner mes qualités, mais je gardai un silence respectueux.

« Oui, oui, répondit le visiteur, l'air songeur. Mon épouse rétribue ses domestiques à raison de dix dollars par mois. Mais, si la fille lui convient, elle augmentera ses gages par la suite. Je ne peux vraiment pas…

– Nous n'avons pas ce genre de filles dans cette agence, Monsieur, répondit le placeur d'un ton offensé. À ce tarif, vous ne trouverez pas de fille honnête, soigneuse et respectable.

– Hum, oui. Cette jeune femme doit avoir de bonnes références, je suppose ?

– Parfaitement, je la connais moi-même très bien, lui assura vivement le placeur. Vous ne trouverez pas domestique plus appliquée. Je peux vous fournir personnellement les références – les meilleures qui soient. »

Voilà en quels termes vantait mes mérites cet homme qui ne me connaissait ni d'Ève ni d'Adam. Pour ce qu'il en savait, j'aurais pu être la dernière des crapules, une voleuse patentée ou bien une méchante fille.

« Eh bien, j'habite à Bloomfield, dans le New Jersey, et nous ne sommes que quatre à la maison. Êtes-vous bonne lingère ? » dit-il en se tournant vers moi. Le placeur ne me laissa pas le temps de faire valoir mes compétences en ce domaine : « Ce n'est pas la fille qu'il vous faut, non, Monsieur, elle ne fait pas ce type de tâches ménagères. Je vous conseille plutôt de prendre celle-ci, dit-il en lui indiquant une autre fille, elle sera parfaite pour vous. » Il énuméra ses nombreuses qualités, les mêmes que celles qu'il m'avait attribuées quelques secondes plus tôt. S'agitant sur sa chaise, le visiteur déclara qu'il ne pouvait ramener chez lui qui que ce soit que son épouse n'aurait pas rencontré. Quand il comprit qu'il lui serait impossible de le faire changer d'avis, le placeur poussa le vieil homme à prendre une inscription. « Il ne vous en coûtera que deux dollars pour le mois. » À présent terriblement nerveux, le visiteur se leva brusquement et se dirigea vers la sortie. Toutes ces filles avaient dû l'effrayer. De l'entendre répéter avec le plus grand sérieux qu'il n'emploierait personne sans l'accord de son épouse m'avait fortement amusée.

Après son départ, nous reprîmes nos places initiales, guettant l'arrivée d'un nouveau visiteur. Il apparut bientôt sous les traits d'une jeune femme irlandaise aux cheveux roux.

« Allons bon, vous êtes déjà de retour, eut-elle droit en guise de salutation.

– Oui, la femme était horrible. Son mari et elle se chamaillaient sans arrêt, et la cuisinière racontait des bobards sur mon compte. J'aurais pas tenu une minute de plus dans cette maison. Tiens, je ne me suis pas privée de leur dire qu'une bien belle lingère, et bien disposée avec ça, n'a rien à faire chez eux. La maîtresse me faisait travailler tous les deux jours ; après elle a exigé que je m'habille comme une dame, et que je porte un chapeau pendant le travail. Ça, non, une bonne lingère peut pas travailler attifée comme ça, alors je suis partie. »

L'orage à peine passé, une fille échevelée entra à son tour dans l'agence. Sa figure franche et intelligente éveilla mon intérêt.

« Vous aussi, vous êtes de retour ? Ce que vous pouvez être pénibles, à la fin », lança le placeur. Des éclairs dans les yeux, elle rétorqua :

« Moi, pénible ? Voilà une belle manière de me traiter. Je n'étais pas pénible quand vous avez pris mon argent, et où est la place que vous m'avez promise ? Je viens de l'autre bout de la ville, les semelles de mes chaussures sont usées et j'ai dépensé tous mes sous en omnibus. Pour quel résultat ?

– J'ai dit ça comme j'aurais dit autre chose. C'était pour plaisanter », se justifia le placeur.

Une autre fille arriva. On lui signifia que, puisqu'elle n'était pas venue la veille, elle ne devait pas compter sur une place. L'homme refusa même d'envoyer son annonce si quelque chose se présentait. Sur ce, un coursier appela de la part de Mrs Vanderpool, résidant au n° 36 de la Trente-neuvième Rue Ouest. Celle-ci souhaitait voir la fille dont l'annonce était passée dans le journal du matin. La jeune Irlandaise fut envoyée sur-le-champ. Elle revint quelques heures plus tard, indiquant au placeur que Mrs Vanderpool ne prendrait plus jamais à son service une de ces filles des bureaux de placement, elle ne les connaissait que trop bien ! La fille s'était contentée de lui boutonner les chaussures, puis s'en était retournée prendre son poste.

J'abordai une certaine Winifred Friel qui se présentait depuis plusieurs jours sans jamais trouver de place. Cette agence possédait une succursale à l'extérieur de la ville vers laquelle le placeur envoyait des filles qui ne souhaitaient pas quitter Manhattan. Fait étrange, il n'y envoyait jamais celles qui voulaient bien partir, comme Winifred Friel. Elle ne pouvait pas s'adresser à cette autre agence quand j'étais presque forcée de m'y rendre.

« Si cette solution vous déplaît, je doute que vous trouviez un travail cet hiver, dit le placeur, passablement irrité lorsqu'il comprit que je ne plierais pas.

– Vous m'avez promis de me trouver une place en ville.

– Ça ne fait aucune différence. Si ce que je vous offre ne vous convient pas, vous pouvez aussi bien vous passer de mes services, rétorqua-t-il avec désinvolture.

– Dans ce cas, rendez-moi mon argent.

– Certainement pas, c'est celui de l'agence. »

J'eus beau insister, jamais je ne revis la couleur de mon dollar. Je quittai donc l'agence et n'y remis plus les pieds.

Le lendemain, je me rendis au bureau de placement de Mrs Seely, situé au n° 68 de la Vingt-deuxième Rue. Je payai mon dollar et fus conduite au deuxième étage, dans une pièce exiguë remplie de femmes serrées comme des sardines en boîte. Après avoir réussi à me frayer un chemin, impossible de bouger d'un pouce tant nous étions pressées. Une femme s'approcha et, après m'avoir hélée – « Vous, la grande » –, m'annonça que, comme j'étais nouvelle, cela ne servait à rien que je perde mon temps à attendre. Certaines filles, me mit en garde cette Mrs Seely, pouvaient se montrer « rosses », je ne devais pas m'en offenser. Il faisait une chaleur suffocante ! Nous étions cinquante-deux dans cette seule pièce, et j'en apercevais autant dans les deux salles voisines. Des grappes de filles obstruaient aussi le couloir et les escaliers. C'était un panorama inédit de notre époque. Des filles qui riaient aux éclats, se désolaient, dormaient, mangeaient, lisaient, toutes assises du matin au soir, attendant qu'on leur offre la possibilité de gagner leur vie. La chance était parfois longue à venir. Nombreuses étaient celles qui venaient chercher une place depuis plusieurs semaines, deux mois parfois. Quel bonheur de voir leurs visages s'illuminer quand on leur proposait de se rendre chez une dame ! Et quel crève-cœur quand elles revenaient parce que leur frange, ou leur mine bilieuse, ou leur poids, ou leur taille avait déplu. Une pauvre femme était partout refusée au seul motif qu'elle portait le deuil.

Aucune opportunité ne s'offrit à moi de toute la journée. Je décidai que je ne souffrirais pas un deuxième jour dans ce clapier, pas même pour deux places, aussi bredouillai-je quelque excuse et quittai le bureau de placement, abandonnant toute ambition de devenir domestique.

Nellie Bly, esclave moderne

Une immersion dans une fabrique de boîtes

L'autre matin, je commençai la journée à l'aube, non pas avec les hédonistes, mais aux côtés de ceux qui gagnent leur vie à la sueur de leur front. Je me mêlai, comme si j'étais l'une des leurs, au flot des hommes pressés et des filles de tous âges et de tous styles. Afin de démêler le vrai du faux dans ce que racontent les ouvrières sur leurs salaires et leurs conditions de travail déplorables, j'avais en effet décidé de me faire embaucher dans un atelier. Je me mis donc à la recherche d'un emploi ne nécessitant pas la moindre expérience, ni référence ou quoi que ce soit d'autre pouvant jouer en ma faveur.

Ce fut une quête pour le moins fatigante et, si mes revenus en avaient dépendu, j'aurais eu mille fois l'occasion de me décourager ou de m'arracher les cheveux. Je frappai aux portes des fabriques établies autour de Bleecker Street, de Grand Street et de la Sixième Avenue, où travaillent plusieurs centaines d'ouvriers. Partout on me demandait : « Vous connaissez le métier ? » avant de se détourner lorsque je secouais la tête.

« Je veux bien travailler pour rien jusqu'à ce que j'aie appris le métier, insistais-je.

– Travailler pour rien ! Même si vous nous payiez, nous ne voudrions pas vous avoir dans nos pattes, me lança un homme.

– Nous ne dirigeons pas cet établissement pour enseigner un métier aux femmes, répondit un autre.

– Vos ouvrières ne sont pas nées en connaissant le métier, alors comment font-elles ? les pressais-je.

– Elles ont toujours une amie qui veut apprendre. Si elles ont de l'énergie et de l'argent à perdre, c'est leur problème. Nous, nous ne rétribuons pas les apprenties. »

N'essuyant partout que des refus, je me résignai à m'adresser à une fabrique de taille plus modeste, située au n° 196 d'Elm Street. À la différence des goujats auxquels j'avais eu jusqu'alors affaire, l'homme qui me reçut se montra très courtois. Il déclara :

« Si vous n'avez jamais fait ce travail, je doute que cela vous plaise. Il ne faut pas avoir peur de se salir et une fille doit s'exercer plusieurs années avant de pouvoir gagner correctement sa vie. Les filles qui débutent ont seize ans à peine. La période d'essai est de deux semaines, durant lesquelles elles ne touchent pas d'argent.

– À combien s'élèvent les salaires de vos ouvrières ?

– Elles commencent généralement à un dollar cinquante par semaine. Quand elles deviennent plus rapides, elles sont payées à la pièce, aux cent pièces réalisées pour être exact.

– Que gagnent-elles alors ?

– Une bonne ouvrière gagne cinq à neuf dollars par semaine.

– Combien de personnes employez-vous ?

– Environ soixante dans ce bâtiment, sans compter celles qui travaillent chez elles. Je dirige cette affaire depuis quelques mois seulement mais, si vous tenez à faire un essai, je peux en toucher un mot à mon associé. Asseyez-vous, je vais le chercher. »

Il sortit de la pièce, et je l'entendis bientôt convaincre son interlocuteur de me donner une chance. Il revint accompagné d'un homme de petite taille qui s'exprimait avec un accent allemand. Comme il se contentait de me fixer sans parler, je renouvelai ma demande. « D'accord, donnez votre nom à l'employé de bureau et revenez lundi matin. Nous verrons alors ce que nous vous donnerons à faire. »

Je me mis en route de bonne heure ce matin-là, vêtue d'une confortable robe de calicot convenant à mon travail. J'avais emporté avec moi mon déjeuner soigneusement emballé dans du papier brun qu'ornait une tache de gras. Je pensais en effet que c'était ainsi que procédait toute ouvrière qui se respecte, et j'espérais donner l'impression d'être rompue aux usages du métier. J'observais avec autant de fierté que d'appréhension la tache de gras qui grossissait.

Quand j'arrivai à la fabrique, les ouvrières s'affairaient déjà. Je traversai une petite cour de service et pénétrai dans le bureau. Quand je me fus présentée à l'employé, il appela une jolie fillette, dont le tablier était rempli de cartons, et lui lança :

« Emmène-la voir Norah.

– Elle travaille sur les boîtes ou les cornets ? demanda-t-elle.

– Dis à Norah de la mettre aux boîtes. »

Je suivis mon petit guide dans un escalier plus étroit, plus sombre et plus pentu que tout ce qu'il m'a été donné de gravir. Nous montâmes encore et encore, traversant de minuscules pièces bondées d'ouvrières, jusqu'au dernier étage – le quatrième ou le cinquième, j'ai oublié. Quoi qu'il en soit, j'étais à bout de souffle.

« Norah, il y a une fille pour les boîtes », cria la fillette.

Des femmes assises autour de longues tables tournèrent la tête pour me dévisager. Ladite Norah, une fille aux cheveux châtains, leva les yeux de sa boîte et répondit : « Va vérifier que la trappe est baissée, et montre-lui où ranger ses vêtements. »

La contremaîtresse commanda à l'une des filles d'« apporter un tabouret pour la dame » et prit place à une grande table recouverte d'une pile de pièces de carton rectangulaires. Norah disposa de longues bandes de papier devant elle ; puis elle saisit une brosse, la plongea dans un seau de colle et la passa vigoureusement sur le papier. Elle choisit un rectangle de carton et, en faisant courir son pouce tout du long, en rabattit les bords. Une fois l'opération terminée, elle prit une bande de papier, la plaça d'un geste précis sur l'un des côtés et appuya dessus pour la maintenir en place. Elle coupa le papier qui dépassait avec l'ongle du pouce, puis procéda de la même façon pour un autre côté. Au bout du compte, elle réalisa le couvercle d'une boîte. Les gestes m'avaient semblé simples, et en effet je les maîtrisai en un rien de temps.

Si mon nouveau travail n'avait rien de compliqué, il était en revanche fort désagréable. Notre atelier n'était pas aéré, et la pâte et la colle dégageaient une odeur nauséabonde. En cas d'incendie, il n'y avait aucune chance d'échapper aux flammes.

Les boîtes qui s'accumulaient sur les tables rendaient impossible tout bavardage. Je pus néanmoins lier conversation avec ma voisine, Therese, novice dans le métier comme moi. Elle se montra timide au début, mais je gagnai bientôt sa confiance et sa langue se délia.

« Je vis avec mes parents sur Eldridge Street. Mon père est musicien. Il refuse de jouer dans la rue même s'il a très peu de contrats. Ma mère a la santé fragile. Mes deux sœurs travaillent également. La première est ouvrière en passementerie et gagne entre trois et cinq dollars par semaine, l'autre dévide de la soie depuis cinq ans dans un atelier de la Vingt-troisième Rue, pour un salaire de six dollars. Quand elle rentre le soir à la maison, elle a le visage, les mains et les cheveux tout colorés. Ça la rend malade, alors elle prend toutes sortes de médicaments.

– Vous avez eu d'autres emplois avant celui-ci ?

– Oh oui. Je faisais aussi de la passementerie, sur Spring Street. Je travaillais à la pièce, de sept heures du matin à six heures du soir, pour trois dollars cinquante par semaine. Je suis partie parce que les patrons étaient méchants. Pensez donc, il faisait noir comme dans un four mais ils nous donnaient seulement trois petites lampes à huile pour nous éclairer, avec interdiction d'allumer les becs de gaz. Des dames passaient prendre du travail et retournaient chez elles faire l'ouvrage. Elles ne demandaient presque rien en échange parce qu'elles faisaient ça pour le plaisir. Par conséquent, nous n'étions pas aussi bien payées que nous aurions dû l'être.

– Qu'avez-vous fait quand vous êtes partie ?

– Je me suis présentée chez un fabricant de franges de Canal Street. La femme qui tenait l'endroit était affreuse. Elle ne parlait pas un mot d'anglais. Je me fatiguais de huit heures du matin à six heures du soir, avec seulement trente minutes pour déjeuner, tout ça pour recevoir trente-cinq cents à la fin de la semaine. Personne ne peut tenir une semaine avec si peu d'argent.

– Vous vous plaisez ici ?

– Les patrons sont gentils. Ils me disent bonjour tous les matins, ce que personne ne se donnait la peine de faire avant. Mais ils ne se privent pas de mettre à l'essai pendant deux semaines entières sans rien donner en échange. J'ai presque terminé mon essai et j'ai déjà abattu beaucoup de travail. Tout ça va directement dans leur poche. Je les ai entendus dire qu'ils ont renvoyé pas mal de filles après cette période parce qu'elles ne faisaient pas l'affaire. Je devrais bientôt gagner un dollar cinquante par semaine. »

À midi, lorsque les coups de sifflet retentirent dans les ateliers voisins, la contremaîtresse nous donna notre pause. Je m'apprêtais à sortir mon déjeuner d'un geste triomphal quand une fille me lança :

« Vous voulez passer commande pour votre déjeuner ?

– Non, je l'ai amené avec moi.

– Oh ! fit-elle avec un sourire amusé.

– Quelque chose ne va pas ? demandai-je.

– Non, rien du tout, reprit-elle vivement. Seulement, les autres se moquent de celles qui viennent au travail avec leur casse-croûte. Aucune ne le fait plus, ça fait bien trop ouvrière. J'ai parfois envie de m'en préparer un, mais j'ai peur de paraître ridicule. »

Toutes commandèrent leur repas. Un gobelet de café, agrémenté de lait ou de sucre, coûte cinq cents. Pour deux cents, elles peuvent avoir trois tranches de pain beurrées, pour trois cents un sandwich. Les filles constituent le plus souvent une caisse commune. C'est le seul moyen pour elles de s'offrir un repas chaud, quoique frugal. Un bol de soupe à cinq cents nourrit ainsi quatre personnes.

Nous nous remîmes au travail à treize heures tapantes. J'avais déjà réalisé soixante-quatre couvercles qui filèrent directement au « collage », étape qui consiste à coller le fond de la boîte aux quatre côtés. Ce ne fut pas simple au début de faire tenir le tout, mais avec un peu d'entraînement la technique me vint aisément.

Le deuxième jour, je me retrouvai en compagnie de nouvelles ouvrières. J'essayai d'engager la conversation et fus surprise de les voir si réticentes à me dire leur nom, leur adresse, ou à me parler de leurs conditions de vie. J'employais mille et une ruses féminines pour me faire inviter chez elles, sans succès.

« Combien gagnent ces femmes ? demandai-je à la contremaîtresse.

– Je n'en ai pas la moindre idée, répondit-elle. Elles ne parlent jamais de leur salaire et les patrons leur dictent leur cadence de travail.

– Ça fait longtemps que vous travaillez ici ?

– Oui, depuis huit ans. J'ai eu le temps de former mes trois sœurs au métier.

– C'est une si bonne situation ?

– Disons que c'est un emploi stable. Mais une ouvrière doit avoir plusieurs années d'expérience derrière elle pour devenir efficace et gagner un salaire décent. »

Il régnait une certaine gaieté parmi les filles. Du matin au soir, l'atelier résonnait de leurs chants. Une ouvrière du premier étage entonnait un air que reprenait l'étage du dessus, et ainsi de suite jusqu'à ce que le bâtiment entier vibre à l'unisson. Les filles travaillaient en bonne entente, et si disputes il y avait elles étaient de courte durée. Toutes se montraient bienveillantes à mon égard, partageant volontiers leur savoir-faire. Je ne fus pas peu fière lorsque je réussis à assembler tous les éléments d'une boîte.

Je nouai connaissance avec deux filles qui travaillaient à la pièce et étaient passées dans grand nombre d'ateliers, notamment des fabriques de boîtes.

« Où que ce soit, aucune ouvrière ne gagne la moitié de ce qu'elle devrait toucher. Elles ne sont pas moins bien traitées ici qu'ailleurs. Même quand elle s'épuise à la tâche, une fille gagne moins de six dollars par semaine. À ce salaire, difficile de se loger ou de se vêtir décemment.

– Où vivent-elles alors ? demandai-je.

– On trouve tout un tas de pensions dans les environs de Bleecker et de Houston Streets. Pour trois dollars cinquante par semaine, les filles y dorment et prennent leurs repas. Il arrive qu'elles doivent partager leur lit avec une autre. Parfois elles sont douze dans la même chambre – tout dépend de la taille de la pièce. Elles n'ont ni cabinets ni salle de bains à leur disposition, et sont souvent embêtées par les hommes qui logent au même endroit.

– Pourquoi ne prennent-elles pas une chambre dans une de ces pensions pour ouvrières ?

– Oh, il faut se méfier de ces endroits. On n'y est pas beaucoup mieux et en plus le règlement est beaucoup trop strict. Une ouvrière qui s'échine toute la journée doit pouvoir s'amuser un peu le soir venu. C'est impossible dans ces pensions.

– Depuis quand fabriquez-vous des boîtes ?

– Onze ans, et tout ce que je peux vous dire, c'est que je n'y ai jamais trouvé mon compte. Voyez, sur les cinq dollars gagnés dans la semaine, je prélève trois dollars cinquante pour la pension et soixante-quinze cents pour la blanchisserie.

– Vous travaillez à la pièce ?

– Oui, cent boîtes à bonbons d'une livre me

rapportent cinquante cents, cent boîtes d'une demi-livre quarante cents.

– Que faites-vous pour ce salaire ?

– Absolument tout. Je prends une pièce cartonnée. Je monte le couvercle puis façonne la base. Ensuite, je passe à 'l'habillage', opération qui consiste à habiller les rebords du couvercle d'une bande dorée. J'effectue le 'striage de surface', qui consiste à habiller le haut du couvercle avant de coller l'étiquette. Je recouvre ensuite la boîte de papier, colle une étiquette sur la base et garnis les côtés de deux ou quatre napperons de papier dentelle selon les instructions. Une boîte passe au total huit fois entre mes mains. Je ne souffle pas un instant pour produire les deux cents boîtes qui me rapporteront un dollar. J'interviens mille six cents fois sur deux cents boîtes. Et tout ça pour quoi au final ? Un dollar. C'est fort peu, n'est-ce pas ? »

Une fille dotée d'un esprit vif, une certaine Maggie, m'émut par son histoire.

« C'est ma deuxième semaine ici, commença-t-elle, et bien sûr je ne toucherai un salaire qu'à compter de la semaine prochaine. Mon père était cocher avant de tomber gravement malade. J'ignore ce qui lui arrive, mais le médecin affirme qu'il va bientôt mourir. Il me l'a annoncé ce matin avant que je parte au travail. Je n'ai pas pu faire grand-chose de la journée tant j'étais préoccupée. Je suis l'aînée, j'ai un frère et deux sœurs. Mon petit frère a douze ans, quatre ans de moins que moi. Il gagne deux dollars par semaine comme garçon de bureau dans une fabrique de boîtes à cigares.

– Votre loyer est élevé ?

– Nous louons deux pièces minuscules et sombres dans une maison de Houston Street. Presque tous les autres occupants sont chinois. Nous donnons au propriétaire quatorze dollars par mois. Il ne nous reste pas grand-chose pour acheter de quoi manger, mais c'est égal à Père parce qu'il ne peut plus rien avaler. Sans son salaire, nous ne pourrons plus payer le loyer.

– Aviez-vous déjà travaillé ?

– Oui, chez un fabricant de tapis à Yonkers. J'ai appris le métier lors de ma première semaine, après quoi je gagnais un dollar par pièce. Quand la santé de mon père s'est détériorée, ma mère m'a demandé de rentrer à la maison. Mais, à présent que je gagne si peu, ils en viennent à regretter que je ne sois pas restée là-bas.

– Pourquoi vous ne cherchez pas autre chose ? demandai-je.

– J'ai bien essayé, mais je n'ai rien trouvé. Père a voulu que j'aille à l'école jusqu'à mes quatorze ans. Comme j'aurais bien aimé être opératrice de télégraphe, je me suis renseignée pour prendre des leçons dans une école de la Vingt-troisième Rue. Là-bas, on m'a dit qu'il fallait que j'avance cinquante dollars rien que pour l'inscription. C'était impossible. »

Je lui parlai alors de l'institut Cooper[1], que je pensais connu de tous les New-Yorkais et qui peut

1. La Cooper Union for the Advanced of Science and Art a été fondée en 1859 afin d'offrir un enseignement gratuit aux

s'avérer d'un précieux secours dans ce type de situation. Je tombai des nues lorsque je m'aperçus que beaucoup d'ouvrières ignoraient son existence.

« Si mon père avait su qu'il y avait une école gratuite, il m'y aurait envoyée, dit l'une.

– Et moi, j'aurais pris des cours du soir », ajouta une autre.

En les entendant se plaindre de leurs salaires anormalement bas et de sommes d'argent qui ne leur avaient jamais été versées, je mentionnai la mission des Chevaliers du Travail[1] et la récente Société des femmes. Toutes semblèrent surprises d'apprendre qu'il existait de telles organisations réclamant justice pour les femmes. C'est à se demander quelle utilité celles-ci peuvent avoir si elles ne s'aventurent jamais au cœur de ces fabriques. Une ouvrière qui travaillait à l'étage du dessous me confia qu'il leur était interdit de dévoiler leurs salaires. Elle m'indiqua néanmoins qu'elle travaillait dans cette fabrique depuis cinq ans et ne gagnait pas plus de cinq dollars par semaine.

Le travail était fatigant, aussi, quand je compris que ces pudiques ouvrières ne m'apprendraient rien de plus, je fus pressée de terminer ma journée. Une chose m'avait frappée aux abords de la fabrique : dans les omnibus, les hommes étaient bien plus prompts à laisser leur place aux ouvrières qu'aux

---

membres de la classe ouvrière, hommes et femmes, sans distinction de couleur et de religion. (*N.d.T.*)

1. Créés en 1869, The Knights of Labor est une organisation de défense des droits des travailleurs qui, à partir des années 1880, deviendra particulièrement populaire auprès des ouvrières. (*N.d.T.*)

dames élégantes. Ils étaient également davantage que d'ordinaire à m'accoster cavalièrement. La conduite de ces femmes était pourtant en tout point irréprochable. Elles connaissaient les bonnes manières et ne manquaient jamais de se remercier pour le moindre service rendu. Bien des filles éduquées n'ont pas la correction de ces esclaves blanches de New York.

Table

RÉALISATION : NORD COMPO À VILLENEUVE-D'ASCQ
IMPRESSION : CPI FRANCE
DÉPÔT LÉGAL : NOVEMBRE 2016. N° 131284-5 (2047157)
IMPRIMÉ EN FRANCE

Éditions Points

Le catalogue complet de nos collections est sur Le Cercle Points, ainsi que des interviews de vos auteurs préférés, des jeux-concours, des conseils de lecture, des extraits en avant-première…

www.lecerclepoints.com

DERNIERS TITRES PARUS

P4402. Price, *Steve Tesich*
P4403. En toute franchise, *Richard Ford*
P4404. Les Cantos pisans, *Ezra Pound*
P4405. Dingue de la vie et de toi et de tout, *Neal Cassady*
P4406. Que la bête s'éveille, *Jonathan Kellerman et Jesse Kellerman*
P4407. Le Moineau rouge, *Jason Matthews*
P4408. De si parfaites épouses, *Lori Roy*
P4409. Au départ d'Atocha, *Ben Lerner*
P4410. Riz, *Su Tong*
P4411. Pourquoi partir ? Journal. 2011-2014, *Jacques Chancel*
P4412. Fleur et Sang, *François Vallejo*
P4413. Le Cœur du problème, *Christian Oster*
P4414. Claire, *Louise Bachellerie*
P4415. Le Sang de la coupe, *Leighton Gage*
P4416. Corps coupable, *Laura Lippman*
P4417. À chaque jour suffit son crime, *Stéphane Bourgoin*
P4418. De l'esprit d'aventure, *Gérard Chaliand, Patrice Franceschi, Jean-Claude Guilbert*
P4419. Les mots que j'aime. En dix mots comme en cent
P4420. Ce qu'on entend dans les chansons *Serge Hureau et Olivier Hussenet*
P4421. LOL est aussi un palindrome. Journal d'une prof au bord de la crise (de rire), *Mathilde Levesque*
P4422. Les Eaux troubles du mojito, *Philippe Delerm*
P4423. La Petite Femelle, *Philippe Jaenada*
P4424. Le Donjon, *Jennifer Egan*
P4425. Des garçons bien élevés, *Tony Parsons*
P4426. Carthage, *Joyce Carol Oates*
P4427. La Femme du voisin, *Gay Talese*
P4428. Pictologies. 180 histoires en bref *Matteo Civaschi et Gianmarco Miles*

P4429. Pictologies. 150 films en bref
Matteo Civaschi et Gianmarco Miles
P4430. Opération Napoléon, *Arnaldur Indridason*
P4431. Encore des nouilles. Chroniques culinaires
Pierre Desproges
P4432. Chroniques en Thalys, *Alex Vizorek*
P4433. Le Petit Troquet des brèves de comptoir
Jean-Marie Gourio
P4434. Tics et tocs des grands génies, *Mason Currey*
P4435. L'Encyclopédie des sports oubliés
Edward Brooke-Hitching
P4436. Le Jourde & Naulleau, *Pierre Jourde et Éric Naulleau*
P4437. Le linguiste était presque parfait, *David Carkeet*
P4438. Mésaventures à Honolulu, *Jack Handey*
P4439. Le Festin des fauves, *Dominique Maisons*
P4440. Les Vies multiples d'Amory Clay, *William Boyd*
P4441. L'Amour des Loving, *Gilles Biassette*
P4442. Rien de ce qui est inhumain ne m'est étranger.
Manuel de combat spitrituel, *Martin Steffens*
P4443. Avec Dieu au Goulag. Témoignage d'un jésuite
interné vingt-trois ans en Sibérie, *Walter J. Ciszek*
avec Daniel Flaherty
P4444. Petites chroniques de la vie comme elle va
Étienne Gruillot
P4445. Et le souvenir que je garde au cœur
Jean-Pierre Darroussin
P4446. Laissé pour mort à l'Everest, *Beck Weathers,*
avec Stephen G. Michaud
P4447. Les Fleuves immobiles, *Stéphane Breton*
P4448. La Fille aux sept noms, *Hyeonseo Lee*
P4449. Marie Curie prend un amant, *Irène Frain*
P4450. Novembres, *Martine Delerm*
P4451. 10 jours dans un asile, *Nellie Bly*
P4452. Dialogues, *Geneviève de Gaulle Anthonioz*
et Germaine Tillion
P4453. À l'estomac, *Chuck Palahniuk*
P4454. Les Innocents, *Robert Pobi*
P4455. La Saison des Bijoux, *Éric Holder*
P4456. Les Sables de Mésopotamie, *Fawaz Hussain*
P4457. La Dernière Manche, *Patrice Franceschi*
P4458. Terres amères, *Joyce Carol Oates*
P4459. On marche sur la dette. Vous allez enfin
tout comprendre !, *Christophe Alévêque et Vincent Glenn*
P4460. Poésie, *Raymond Carver*
P4461. Épilogue meurtrier, *Petros Markaris*